U0340431
SENLIN BAO JINGHUA
森林报
精华
拼音版
思远 主编
江西美术出版社
全国百佳出版单位

**图书在版编目（CIP）数据**

森林报精华：拼音版 / 思远主编．-- 南昌：江西美术出版社，2017.1（2021.8 重印）
（学生课外必读书系）
ISBN 978-7-5480-4909-8

Ⅰ．①森… Ⅱ．①思… Ⅲ．①森林－少儿读物 Ⅳ．① S7-49

中国版本图书馆 CIP 数据核字（2016）第 258405 号

出 品 人：汤 华
责任编辑：刘 芳 廖 静 陈 军 刘霄汉
责任印制：谭 勋
书籍设计：韩 立 潘 松

**江西美术出版社邮购部**
联系人：熊 妮
电话：0791-86565703
QQ：3281768056

学生课外必读书系
**森林报精华：拼音版** 思远 主编
出版：江西美术出版社
社址：南昌市子安路66号
邮编：330025
电话：0791-86566274
发行：010-58815874
印刷：北京市松源印刷有限公司
版次：2017年1月第1版 2021年8月第2版
印次：2021年8月第2次印刷
开本：680mm × 930mm 1/16
印张：10
ISBN 978-7-5480-4909-8
定价：29.80元

# 前言

QIANYAN

大自然是一个奇妙的世界，只有熟悉大自然的人，才会热爱大自然。苏联著名的儿童文学作家、动物学家维塔里·比安基就是这样的人。从小，他就跟随父亲上山打猎，跟家人到郊外、乡村或海边游玩。在那里，他学会了观察大自然，积累和记录自己对大自然的全部印象：根据飞行的模样识别鸟，根据脚印的深浅识别野兽，根据颜色的变化识别花草……这不仅开阔了他的视野，更使他深深地爱上了大自然。于是，他决心用自己的笔将这幅神奇、美丽的画卷描绘出来，这促使他创作出了世界儿童文学名著——《森林报》。

《森林报》是维塔里·比安基最杰出的代表作，深受世界各地少年儿童的喜爱。这部作品不但内容有趣，编写方式也极其新颖：作者采用报刊的形式，以春、夏、秋、冬12个月为顺序，用轻快的笔调真实生动地叙述了发生在森林里的故事。作品表现出作者对大自然和生活的热爱之情，蕴涵着诗情画意和童心童趣。无论是人物，还是动物和植物，在作者的笔下，都被赋予了感情和智慧，如暴躁的母熊、狡黠的狐狸、温柔的鹡鸰、凶残的猞猁……大自然中的种种生灵跃然纸上，共同组成了这部比故事更有趣的科普读物。

人们把这套书称为史无前例的“大自然的颂诗”“大自然百科全书”“大自然历书”“儿童学习大自然的游戏书”“创造发明的指导书”。作者维塔里·比安基也被读者称为“发现森林的第一人”，而维塔里·比安基则称自己是“森林哑语的翻译者”。

为了能让更多的孩子读到这本散发着松脂和青草香味儿的自然之书，我们精心编选了原著的精华部分，并加上拼音，以适合孩子自主阅读。

现在就让我们一起走进大森林，去聆听生命的吟唱吧！

【注：本书作者维塔里·比安基生活在苏维埃社会主义共和国联盟（简称苏联）时期，苏联已于1991年解体。为尊重原著，本书涉及社会背景的故事情节未作改动。】

## 冬眠初醒月（春一月）



## 候鸟回乡月（春二月）

## 载歌载舞月（春三月）



## 忙碌筑巢月（夏一月）



## 小鸟出生月（夏二月）



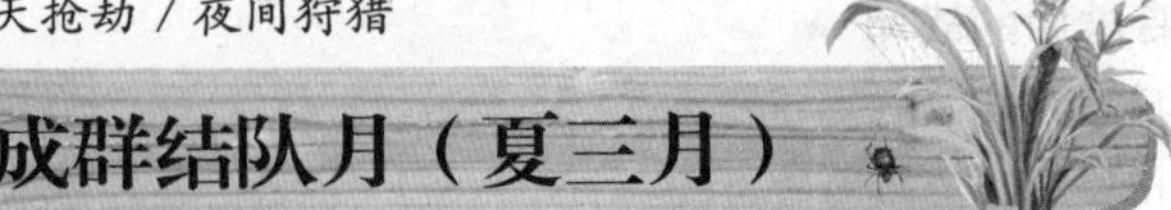

## 成群结队月（夏三月）

## 候鸟离别月（秋一月）



## 冬粮储备月（秋二月）



## 冬鸟做客月（秋三月）

## 晨霜初白月（冬一月）



## 饥饿难忍月（冬二月）



## 极度盼春月（冬三月）

# 冬眠初醒月

（春一月）

一年12个月的欢乐诗篇：3月—森林中的大事—城市新闻—林中狩猎

yì nián gè yuè de huān lè shī piān yuè

# 一年12个月的欢乐诗篇：3月

yuè rì shì chūn fēn rì zài zhè tiān bái tiān hé hēi yè yí yàng cháng nǐ
3月21日，是春分日。在这天，白天和黑夜一样长。你
yǒu bàn tiān shí jiān xiǎng shòu wēn nuǎn de yáng guāng hái yǒu bàn tiān shí jiān xīn shǎng měi lì de
有半天时间享受温暖的阳光，还有半天时间欣赏美丽的
xīng kōng shì bu shì hěn yǒu shī yì de yì tiān ya qí shí zhè tiān yě shì sēn lín zhōng
星空。是不是很有诗意的一天呀？其实，这天也是森林中
zuì zhòng yào de yì tiān chūn tiān jiù yào lái le
最重要的一天——春天就要来了。

yuè li tài yáng gōng gong tuō xià le hòu zhòng de mián dà yī
3月里，太阳公公脱下了厚重的棉大衣，
jìn qíng de shū zhǎn zhe shēn tǐ fā chū róu hé
尽情地舒展着身体，发出柔和
de guāng máng cí ài de fǔ mō zhe dà
的光芒，慈爱地抚摸着大
dì qū sàn le yán dōng de
地，驱散了严冬的
hán qì màn màn de jī
寒气。慢慢地，积
xuě sōng ruǎn le huī sè de
雪松软了，灰色的
xuě kuàir yì céng céng de
雪块儿一层层地
xiāo qù biàn chéng le fēng
消去，变成了蜂
wō de yàng zi wū yán xià
窝的样子。屋檐下
chuí xià de yì gēn gēn bīng líng
垂下的一根根冰凌
zi liàng jīng jīng de
子，亮晶晶的，
hàn shuǐ yì dī dī de luò
汗水一滴滴地落

到地上，积聚成了一个个小水坑。麻雀高兴起来，欢天喜地地飞到里面扑腾着，恨不得将一冬天的污垢都洗下来。山雀们也着急起来，这样惬意的天气怎么能少了它们的歌声呢？于是它们放开了喉咙大声歌唱，银铃般的歌声在空中回荡。

阵阵歌声唤醒了春姑娘，她**急急忙忙**地开始准备工作了。当然，第一件事情就是要解放被严冬禁锢了许久的大地母亲。还有小河，也正在冰的覆盖下酣睡呢！森林也要喊一喊了，不然，它的美梦不知要到什么时候才结束。

依照古老的传统，在3月21日这天，家家户户都要吃烤熟的“云雀”。不用担心，不是真的要把可爱的小云雀吃掉。其实吃的“小鸟”是用小面包捏成的，用葡萄干做的眼睛。这天，人们会打开鸟笼，让笼中的小鸟回到大自然中去，这就是传统的“飞鸟节”。孩子们还会在树上为这些可爱的小生灵们建造各种各样的**安乐窝**——椋鸟窝、山雀窝，也有树洞式的人造窝。他们还会把树枝交叉捆在一起，方便鸟做巢。这些可爱的小家伙还会得到孩子们免费的美食。在学校和俱乐部里，我们可以听到关于鸟类是如何保护我们的森林、田野、果园、菜园的报告。当然，人们也会学到如何爱护这些善良、活泼的小生灵的知识。

sēn lín zhōng de dà shì
# 森林中的大事

dì yī pī bào chūn de huā
## 第一批报春的花

chūn tiān lái le zěn me kě néng méi yǒu huā ne huā shì chūn tiān
春天来了，怎么可能没有花呢——花是春天
zuì hǎo de shǐ zhě ya rú guǒ nǐ xiǎng zuì xiān gǎn shòu chūn de
最好的使者呀！如果你想最先感受春的
qì xī nǐ kě bú yào qù tián yě li zhǎo tián yě li
气息，你可不要去田野里找——田野里
hái fù gài zhe hòu hòu de jī xuě ne nǐ yīng gāi dào sēn
还覆盖着厚厚的积雪呢！你应该到森
lín li bèn zhe dīng dōng dīng dōng de liú shuǐ de fāng xiàng
林里，奔着叮咚叮咚的流水的方向
zhǎo zài sēn lín de biān yuán xiǎo xī li de shuǐ chán chán
找。在森林的边缘，小溪里的水潺潺
de liú zhe gōu qú li de shuǐ yǐ jīng màn dào le biān yán shang
地流着，沟渠里的水已经漫到了边沿上。
zài nà hè sè de chūn shuǐ shang héng wò zài shuǐ miàn de zhēn zi shù zhī yā shang
在那褐色的春水上，横卧在水面的榛子树枝丫上
hái méi yǒu yí piàn nèn yè dàn dì yī pī bào chūn de huā yǐ jīng ào rán zhàn fàng le
还没有一片嫩叶，但第一批报春的花已经傲然绽放了。

zhēn zi shù de shù zhī shang chuí xià le yì gēn gēn róu ruǎn de xiǎo wěi ba xiàng shì yào
榛子树的树枝上，垂下了一根根柔软的小尾巴，像是要
dào shuǐ li chuí diào de yú gōu
到水里垂钓的鱼钩。

qí shí tā men hé yú gōu shì yǒu hěn dà qū bié de zhǐ yào nǐ zhuā zhù zhè xiē xiǎo wěi
其实它们和鱼钩是有很大区别的。只要你抓住这些小尾

巴轻轻一摇，就会有许多花粉簌簌地飘落下来。

你要是用心观察，就会发现一个奇怪的现象：在这些榛子树的树枝上，居然还长着其他的花。有的两朵开在一起，有的三朵开在一起，像极了花朵上的小蓓蕾。每个蓓蕾的尖上，伸出一对细小的“舌头”，鲜红鲜红的。其实，这些红色的小舌头就是雌花的柱头，就是靠它们，榛子花才能接受其他榛子树上飘来的花粉。

风轻快地在光秃秃的榛子树枝丫间穿行，没有夏天那样茂密的树叶的阻挡，它可以随意地抚摸那些毛茸茸的小尾巴，并把花粉带到小舌头状的柱头上。

用不了几天，榛子花就会凋谢了，小尾巴也会随着脱落，那些小舌头也随之慢慢地干枯。但是，你不要伤心，不久你会惊喜地发现，每一朵凋落的花朵都意味着一颗将来要成熟的肥硕的榛子！

覆盖 潺潺 蓓蕾

在那褐色的春水上，横卧在水面的榛子树枝丫上还没有一片嫩叶，但第一批报春的花已经傲然绽放了。

chéng shì xīn wén
# 城市新闻

wū dǐng yīn yuè huì
## 屋顶音乐会

měi dào yè jiān xǔ duō māo jiù huì jù jí dào wū dǐng shang yuán lái tā men zài jǔ
每到夜间，许多猫就会聚集到屋顶上，原来它们在举
xíng yīn yuè huì ne tā men duì jǔ xíng yīn yuè huì tè bié de xǐ huan ér qiě lè cǐ bù
行音乐会呢！它们对举行音乐会特别地喜欢，而且乐此不
pí kě shì yīn yuè bìng méi yǒu bǎ tā men táo yě de wén zhì bīn bīn měi cì yīn yuè huì de
疲。可是音乐并没有把它们陶冶得文质彬彬，每次音乐会的
jié guǒ zhǐ yǒu yí gè nà jiù shì yǐ gē shǒu de dà dǎ chū shǒu ér bì mù
结果只有一个，那就是以歌手的大打出手而闭幕。

má què shì jiàn
## 麻雀事件

zhèn zhèn de chǎo nào shēng sī dǎ shēng cóng liáng niǎo de jiā mén kǒu chuán lái hái
阵阵的吵闹声、厮打声 从椋鸟的家门口传来，还
yǒu niǎo máo dào cǎo màn tiān fēi wǔ zhēn de hěn ràng rén jīng qí
有鸟毛、稻草漫天飞舞，真的很让人惊奇。

yuán lái liáng niǎo huí lái le tā cái shì zhè ge fáng jiān de zhǔ rén kě shì má què
原来，椋鸟回来了，它才是这个房间的主人，可是麻雀
què zhàn le tā de jiā pèng shàng zhè yàng de shì qing shéi dōu bú huì xīn píng qì hé de yú
却占了它的家。碰上这样的事情谁都不会心平气和的。于
shì liáng niǎo jiù jiū zhe rù qīn zhě yí gè gè de diū le chū qù lián má què biān zhī de yǔ máo
是椋鸟就揪着入侵者一个个地丢了出去，连麻雀编织的羽毛
rù zi yě méi yǒu bǎo liú tā shì zài yě bù xiǎng hé má què yǒu yì diǎnr guān xì le
褥子也没有保留。它是再也不想和麻雀有一点儿关系了。

wū yán xià yǒu yì tiáo fèng xì yǒu gè shuǐ ní gōng
屋檐下有一条缝隙，有个水泥工
zhèng zài jiǎo shǒu jià shang máng zhe xiū fù ne yào bù yǔ
正在脚手架上忙着修复呢！要不雨
tiān lái le jiù bù hǎo le jǐ zhī má què zài wū yán xià bèng
天来了就不好了。几只麻雀在屋檐下蹦
bèng tiào tiào jī ji zhā zhā de jiào zhe kàn yàng zi
蹦跳跳，叽叽喳喳地叫着，看样子
zhèng wán de gāo xìng ne kě shì dāng tā men fā xiàn wū yán
正玩得高兴呢！可是当它们发现屋檐
dǐ xia de fèng xì jiāng yào bèi hú shàng hòu tā men tū rán
底下的缝隙将要被糊上后，它们突然
dà jiào zhe xiàng shuǐ ní gōng de liǎn pū le guò qù shuǐ ní
大叫着向水泥工的脸扑了过去。水泥
gōng máng ná zhe xiǎo chǎn zi zuǒ dǎng yòu zhē xiǎng gǎn zǒu zhè
工忙拿着小铲子左挡右遮，想赶走这
xiē dǎo dàn de jiā huo kě shì tā nǎ lǐ zhī dào tā xīn
些捣蛋的家伙。可是他哪里知道，他辛
kǔ xiǎng fēng shàng de fèng xì li yǒu má què xià de dàn ne
苦想封上的缝隙里，有麻雀下的蛋呢！

dào chù dōu shì jiào rǎng shēng dǎ jià shēng niǎo máo xiàng xuě huā yì bān suí fēng
到处都是叫嚷声、打架声，鸟毛像雪花一般随风
fēi yáng
飞扬。

## shuì mèng zhōng de cāng ying
## 睡梦中的苍蝇

jiē shang chū xiàn le yì xiē dà tóu cāng ying tā men chuān zhe lán lǐ tòu lǜ shǎn zhe
街上出现了一些大头苍蝇，它们穿着蓝里透绿、闪着
jīn shǔ guāng zé de wài yī tā men hé gāng rù qiū shí de chóng zi yí yàng yí fù shuì yǎn
金属光泽的外衣。它们和刚入秋时的虫子一样，一副睡眼
xīng sōng de yàng zi tā men xiàn zài hái bù néng fēi zhǐ néng yán zhe qiáng bì pá xíng duō
惺忪的样子。它们现在还不能飞，只能沿着墙壁爬行，哆
duō suō suō de nuó dòng zhe xì xì de tuǐ
哆嗦嗦地挪动着细细的腿。

zhè xiē dà tóu cāng ying bái tiān zhǐ huì shài tài yáng yí dào yè lǐ jiù xiàng qiáng bì
这些大头苍蝇白天只会晒太阳，一到夜里，就向墙壁
huò zhě zhà lán de fèng xì zhōng pá qù tā men hái shi yǒu diǎnr pà lěng
或者栅栏的缝隙中爬去——它们还是有点儿怕冷。

lín zhōng shòu liè
## 林中狩猎

guān yú chūn tiān de shòu liè shí jiān guó jiā shì yǒu míng wén guī dìng de rú guǒ chūn tiān
关于春天的狩猎时间，国家是有明文规定的。如果春天
lái de zǎo nà me liè qī jiù huì tí qián xiē rú guǒ chūn tiān lái de chí xiē liè qī jiù huì tuī
来得早，那么猎期就会提前些；如果春天来得迟些，猎期就会推
chí chūn tiān kě yǐ dǎ liè de shí jiān shì hěn duǎn de
迟。春天可以打猎的时间是很短的。

chūn tiān dǎ liè zhǐ zhǔn liè qǔ fēi qín lèi de ér qiě zhǐ zhǔn dǎ xióng de cí
春天打猎，只准猎取飞禽类的，而且只准打雄的，雌
de jiān jué jìn zhǐ liè qǔ
的坚决**禁止**猎取。

liè rén de xǐ hào
### 猎人的喜好

zhè shì yí gè yīn chén de huáng hūn tiān shàng hái piāo zhe máo máo yǔ yīn wèi méi yǒu
这是一个阴沉的黄昏，天上还飘着毛毛雨，因为没有
fēng tiān qì hái shi bǐ jiào nuǎn huo de zhè shì dǎ liè de hǎo shí jī
风，天气还是比较**暖和**的。这是打猎的好时机。

liè rén zǎo zǎo de jiù cóng chéng lǐ chū fā le huáng hūn shí jiù dào le sēn lín lǐ
猎人早早地就从城里出发了，黄昏时就到了森林里。
zhè shí hou sēn lín li chōng mǎn le niǎor men kuài lè de gē shēng liè rén zhàn zài nà
这时候，森林里充满了鸟儿们快乐的歌声，猎人站在那
lǐ xīn shǎng zhe guān chá zhàn zài zōng shù dǐng shang gāo gē de nà zhī niǎor hǎo xiàng shì
里欣赏着，观察站在棕树顶上高歌的那只鸟儿，好像是
dōng niǎo ba
鸫鸟吧。

tài yáng zhōng yú chén dào xī shān ào li qù le yè mù kāi shǐ méng shàng le sēn
太阳终于沉到西山坳里去了，夜幕开始蒙上了森
lín niǎor men yě lù lù xù xù de tíng zhǐ le gē chàng zuì hòu lián zuì ài chàng gē de
林。鸟儿们也陆陆续续地停止了歌唱，最后，连最爱唱歌的
dōngniǎo hé ōu qú yě chén mò le
鸫鸟和欧鸲也沉默了。

xiàn zài yí dìng yào liú xīn le zǐ xì tīng sēn lín de shàng kōng chuán lái le shēng
现在一定要留心了，仔细听！森林的上空传来了声
yīn chuān guò jì jìng de sēn lín chī chī cā chī chī cā liè rén dǎ
音，穿过**寂静**的森林：“嗤嗤，嚓！”“嗤嗤，嚓！”猎人打
le gè jī ling bǎ qiāng kào dào jiān bǎng shang yí dòng yě bú dòng de zhàn zài nà lǐ zhè
了个激灵，把枪靠到肩膀上，一动也不动地站在那里。这
shì nǎ lǐ lái de shēng yīn ne
是哪里来的声音呢？

chī chī cā chī chī cā ō yuán lái bú shì yì zhī ér shì
“嗤嗤，嚓！”“嗤嗤，嚓！”噢，原来不是一只，而是
yí duì ya
一对呀！

zhè shí zài sēn lín de shàng kōng liǎng zhī cháng zuǐ de gōu zuǐ yù zhèng fēi guò tā
这时，在森林的上空，两只长嘴的勾嘴鹬正飞过。它

men kuài sù de pū shan zhe chì
们快速地**扑扇**着翅
bǎng yì zhī zài zhuī zhú lìng wài yì
膀，一只在追逐另外一
zhī kàn qián mian yì zhī shì cí
只。看，前面一只是雌
de hòu mian yì zhī shì xióng de
的，后面一只是雄的。

pēng yì shēng qiāng xiǎng
“砰”一声枪响
huá pò le jì jìng de yè kōng hòu
划破了寂静的夜空。后
mian nà zhī gōu zuǐ yù xiàng chē lún
面那只勾嘴鹬像车轮
zi yí yàng dǎ zhe xuánr cóng kōng
子一样打着旋儿，从空
zhōng màn màn de luò dào le guàn mù
中慢慢地落到了灌木
cóng zhōng
丛中。

liè rén jí máng bèn le guò qù zhè zhī niǎo yīng gāi méi yǒu sǐ zhǐ shì shòu le shāng
猎人急忙奔了过去。这只鸟应该没有死，只是受了伤。
rú guǒ tā duǒ jìn le guàn mù cóng shēn chù nà me zhǎo qǐ lái jiù má fan le shèn zhì dào
如果它躲进了灌木丛深处，那么找起来就麻烦了，甚至到
zuì hòu shì bái fèi lì qi
最后是白费力气。

gōu zuǐ yù de yǔ máo hé guàn mù cóng zhōng de kū zhī bài yè de yán sè xiāng sì
勾嘴鹬的羽毛和灌木丛中的**枯枝败叶**的颜色相似，
liè rén zǐ xì de chǒu le chǒu cái fā xiàn tā guà dào le guàn mù de zhī yā shang
猎人仔细地瞅了瞅，才发现它挂到了灌木的枝丫上。

一年12个月的欢乐诗篇：4月—森林中的大事—森林中的战争 —城市新闻—林中狩猎

# 一年12个月的欢乐诗篇：4月

4月，冰雪消融的季节！4月，还沉睡在冬的梦境中，却已被柔和的暖风温柔地抚摸。天气也改掉了冰冷的面庞，换上了**和颜悦色**的面纱。

雪水从高山上走来，轻轻地亲吻着两岸的岩石，鱼儿们欢欣鼓舞，不时地跃出水面。

大地上的积雪早已逃得无影无踪，融化的雪水变成溪水，溪水汇合进了河水，河水壮大，吞噬了河里的浮冰，奔向了大海的怀抱。

大地快乐地享受着雨水的**滋润**，兴高采烈地穿上了绿色的外套，外套上面点缀着斑斓的小花。森林还是有点儿落寞，**光秃秃**地站在那里，急切地等待着春天的来临。其实，在树木的身体里，浆液已经悄悄地涌动起来，枝头也开始绽放新芽了。

4月的春天，春暖花开！

# 森林中的大事

## 泥泞的道路

站在城边放眼望去，郊区一片泥泞。林中和乡间的小道到处都是泥巴，要是想从中通过，靠雪橇和马车是没有希望的。为了得到一点儿森林中的消息，我们可是费了不少周折。

## 昆虫的节日

开花了！柳树开花了！它在风中炫耀着毛茸茸的粗枝条，一副扬眉吐气的样子。走过去，仔细瞧一瞧，发现每条疙疙瘩瘩的枝条上，都围绕着一层鲜黄色的小毛毛球。这些鲜黄色的小球就是柳树的花朵。

柳树开花了，这可忙坏了昆虫们，它们喜气洋洋地飞来飞去，像是过节一样。你看那边，雄蜂嗡嗡地上下翻飞着，苍

yíng wú suǒ shì shì de sì chù luàn zhuàng nǐ kàn zhè biān qín láo de mì fēng men kāi shǐ fān dòng
蝇无所事事地四处乱撞。你看这边，勤劳的蜜蜂们开始翻动
zhe yì gēn gēn xiān xì de xióng ruǐ zhèng máng zhe cǎi mì ne
着一根根纤细的雄蕊，正忙着采蜜呢！

hú dié yě fēi lái le qiáo zhè zhī diāo huā chì bǎng de huáng hú dié jiù shì níng méng
蝴蝶也飞来了！瞧，这只雕花翅膀的黄蝴蝶就是柠檬
dié nà zhī zhǎng zhe zōng hóng sè dà yǎn jing de jiù shì qián má jiá dié hái yǒu nà lǐ de
蝶；那只长着棕红色大眼睛的就是荨麻蛱蝶；还有那里的
nà zhī jiù shì qīng qīng luò zài liǔ shù máo róng róng xiǎo qiú shang de nà zhī shì cháng wěn jiá
那只，就是轻轻落在柳树毛茸茸小球上的那只，是长吻蛱
dié tā yòng àn huī sè de chì bǎng bǎ xiǎo huáng qiú zhē le gè yán yán shí shí zài yòng cháng
蝶。它用暗灰色的翅膀把小黄球遮了个严严实实，再用长
cháng de xī guǎn xī xióng ruǐ shēn chù de huā mì
长地吸管吸雄蕊深处的花蜜！

zài zhè zhū chūn fēng dé yì de liǔ shù páng hái yǒu yí cù shāo wēi ǎi diǎnr de liǔ
在这株**春风得意**的柳树旁，还有一簇稍微矮点儿的柳
shù tā de zhī tiáo shang yě kāi mǎn le huā dàn tā de huā què shì lìng wài de yí fù mú
树，它的枝条上也开满了花，但它的花却是另外的一副模
yàng huī lǜ sè de xiǎo máo qiú zhēn chǒu méi yǒu jǐ zhī kūn chóng zài tā zhōu wéi fēi wǔ
样：灰绿色的小毛球真丑。没有几只昆虫在它周围飞舞，

gēn lín jū xiāng bǐ tā cǎn dàn
跟邻居相比，它惨淡
duō le kě shì nǐ qiān wàn bú yào
多了！可是你千万不要
xiǎo qiáo zhè xiē xiǎo máo qiú qí shí
小瞧这些小毛球，其实
zhēn zhèng jiē zǐ de zhèng shì tā men
真正结子的正是它们
ne yuán lái kūn chóng zǎo bǎ nián
呢！原来昆虫早把黏
chóu de huā fěn cóng xiǎo huáng qiú shang
稠的花粉从小黄球上
bān dào le lǜ máo qiú shang guò bu
搬到了绿毛球上，过不
liǎo duō jiǔ xiǎo lǜ máo qiú nà
了多久，小绿毛球那
cháng cháng de cí ruǐ shang jiù huì
长长的雌蕊上，就会
jiē chū zhǒng zi lái
结出种子来。

shài tài yáng de kuí shé
# 晒太阳的蝰蛇

měi tiān zǎo shang zài xiǎo shù dūn
每天早上，在小树墩
shang nǐ huì fā xiàn dú kuí shé zài nà
上，你会发现毒蝰蛇在那
lǐ shài tài yáng dà qīng zǎo tā pá
里晒太阳。大清早，它爬
qǐ lái hái hěn fèi jìn zhè shì tiān qì
起来还很费劲，这是天气
bǐ jiào lěng de yuán yīn tā shēn tǐ
比较冷的原因。它身体
hái chǔ zài bàn dòng de zhuàng tài děng
还处在半冻的状态。等
shài nuǎn huo le tā jiù kě yǐ zì yóu de pá xíng máng zhe zhuō qīng wā hé lǎo shǔ le
晒暖和了，它就可以自由地爬行，忙着捉青蛙和老鼠了。

bái sè de wū yā
# 白色的乌鸦

zài xiǎo yǎ kè cūn xiǎo xué fù jìn rén men fā xiàn le yí gè qí guài de xiàn xiàng wū
在小雅克村小学附近，人们发现了一个奇怪的现象：乌
yā qún zhōng yǒu yì zhī jìng rán shì bái sè de tā men
鸦群中有一只竟然是白色的。它们
shēng huó zài yì qǐ bìng méi yǒu shén me tè bié
生活在一起，并没有什么特别
de fǎn yìng duì zhè zhī bái sè de wū yā jí
的反应。对这只白色的乌鸦，即
shǐ shì cūn li zuì jiàn duō shí guǎng de lǎo
使是村里最见多识广的老
rén yǐ qián yě méi yǒu jiàn guò wǒ men shì
人以前也没有见过。我们是
zhè suǒ xiǎo xué de xué shēng duì zhè zhī
这所小学的学生，对这只
bái wū yā dōu hěn hào qí wèi shén me tā hé
白乌鸦都很好奇，为什么它和
qí tā wū yā shēng huó zài yì qǐ què xiāng ān wú shì ne
其他乌鸦生活在一起却相安无事呢？

# 森林中的战争

森林中不同种族的树木之间，经常发生无休无止的战争。我们特地派了几个记者到前线采访。

他们最先去的是古老的云杉王国。一棵棵白胡子老战士威严地挺立着，它们都很高大，每棵老云杉都有两根甚至三根电线杆子那么高。大家抬起头来，都很难看到它们的树冠。整个云杉王国笼罩着一层阴郁的气氛，每一个成员都悄无声息。它们的树干笔直，从根部到梢头都**光秃秃**的，只是偶尔有些枝条从树干旁伸出来，枝条上满是疤痕。

这些老战士的头顶布满了针叶的枝条，严严实实地在它们的头上支起了一道严密的防线，阳光根本没有办法**照射**进来，鸟儿也没有办法飞行。这里又闷又黑，充满潮湿、腐朽的味道。即使偶尔有小草长出来，也会很快枯萎的。只有褐色的苔藓和地衣乐滋滋地活跃在这个国度里。它们喝着老

zhàn shì de xiě shù jiāng sì yì de chán rào zài sǐ qù de yún shān shù shang
战士的血——树浆，肆意地缠绕在死去的云杉树上。

zhè lǐ jì méi yǒu yì zhī yě shòu yě méi yǒu niǎor de gē shēng chuán lái wǒ men de
这里，既没有一只野兽，也没有鸟儿的歌声传来。我们的
tōng xùn yuán wú yì zhōng fā xiàn le yì zhī gū dú de māo tóu yīng tā shì duǒ bì càn làn de yáng guāng
通讯员无意中发现了一只孤独的猫头鹰，它是躲避灿烂的阳光
cái lái dào zhè lǐ de wǒ men de tōng xùn yuán bù xiǎo xīn jīng dòng le tā tā fèn nù de zhāng kāi
才来到这里的。我们的通讯员不小心惊动了它，它愤怒地张开
jiǎo zhì de zuǐ fā chū shèn rén de jiān jiào dǒu qǐ hún shēn de yǔ máo shēng qì de fēi zǒu le
角质的嘴，发出瘆人的尖叫，抖起浑身的羽毛，生气地飞走了。

méi yǒu fēng de rì zi li yún shān wáng guó yí piàn jì jìng jí shǐ fēngr bù xiǎo xīn
没有风的日子里，云杉王国一片寂静。即使风儿不小心
cóng tā men zhōng jiān jīng guò zhè xiē zhí tǐng wēi yán de zhàn shì yě zhǐ shì jīn chí de dǒu dou
从它们中间经过，这些直挺威严的战士也只是矜持地抖抖
tóu dǐng shang bù mǎn zhēn yè de zhī tiáo fā chū xiū xiū de xū shēng yún shān shì gǔ lǎo
头顶上布满针叶的枝条，发出“咻咻”的嘘声。云杉是古老
sēn lín zhōng zuì páng dà de jiā zú tā men yōng yǒu hěn duō gāo dà qiáng zhuàng de chéng yuán
森林中最庞大的家族，它们拥有很多高大强壮的成员。

cóng yún shān wáng guó lǐ chū lái wǒ men de tōng xùn yuán qù le bái huà shù hé shān yáng
从云杉王国里出来，我们的通讯员去了白桦树和山杨
shù de guó dù zài zhè lǐ chuān zhe bái sè wài tào dài zhe lǜ sè mào zi de bái huà shù
树的国度。在这里，穿着白色外套、戴着绿色帽子的白桦树
hé chuān zhe yín sè wài tào dài zhe lǜ sè mào zi de shān yáng shù dōu hěn rè qíng xī xī
和穿着银色外套、戴着绿色帽子的山杨树都很热情，窸窸
sū sū de gǔ qǐ zhǎng huān yíng tā men de dào lái wú shù de niǎor zài zhī tóu huān kuài de
窣窣地鼓起掌，欢迎他们的到来。无数的鸟儿在枝头欢快地
chàng zhe gē míng mèi de yáng guāng chuān guò pó suō de yè zi tòu shè xià lái zài lín zhōng zhǎn
唱着歌，明媚的阳光穿过婆娑的叶子透射下来，在林中展

开了一幅五彩斑斓的图画。阳光闪烁着，照出了金色的小蛇、圆圈儿、月牙儿、小星星在树干上滑动着、跳跃着，像是光的舞会。地面上，低矮的草类家族在绿荫的庇护下，生活得很是惬意，明显把这里当成了自己的家。我们通讯员的脚下，还不时地蹦出两三只野鼠、兔子或刺猬。一阵风吹来，这个国度里喧哗声一片，快乐极了。就是没有风来，这里也不寂寞，山杨树抖动着叶子，窃窃私语，不肯停下来。

这个国度里有一条河，河的那一边是荒漠，残留着大片大片砍伐的痕迹。在一个冬天里，伐木工人砍伐完了那里的林木。紧挨着这片荒漠，又是一片高大的云杉林，像是一堵墙矗立在那里。

通讯员们知道，一旦积雪融化，在这片荒芜的沙漠上，一场战争就会在这里展开。其实，森林中的每一个种族的居住地都很拥挤，一旦有新的空地出现，每一个家族都会去抢占。于是，我们的通讯员蹚过了河，在沙漠上搭起帐篷，准备观看这场大战。

一个阳光灿烂的早晨，从远处传来一阵阵“噼噼啪啪”的声响，好像机枪对射的声音。战斗开始了！我们的通讯员匆忙向着声音传来的方向跑去。

原来是云杉树首先发起了进攻，它们动用的是自己最精锐的部队——“空军装甲部队”来抢占这片空地。太阳炙烤着云杉的大球果，它们一个个挺着大肚子，“噼里啪啦”地炸开了，声音一阵高过一阵。球果外层的鳞片随着噼啪声一个个裂开，从里面飞出了许许多多很小很小的滑翔机，也就是一粒一粒的种子。风托着这些小小的滑翔机，一会儿冲到高空，一会儿落得很低，一会儿又打着旋儿在空中摇摆，一会儿又翻滚着在空中前进。

每一棵云杉树都结有一百多个球果，而每颗球果中又藏有一百多粒种子。当风吹着这些小滑翔机飞行时，空中就织成了一个庞大的网，最后落在空地上。

但是，有的种子比较重，而且只有一个扇形的小翅膀，风就没有办法把它们送到很远的地方，往往是还没有到达目的地就掉下来了。不过，它们一点儿都不担心，只是耐心地等待着。等到刮起大风的时候，它们还会再次起飞，飞向空地。

这个时候，它们最怕的就是遇到春寒，这可是它们的天敌。一旦春寒来了，这些小小的滑翔机就会备受寒冷的折磨，甚至会被冻死。然而，后面及时赶来的温暖的春雨又会精心地呵护它们。等到大地松软了，这些种子就可以在这里安家了。

当云杉家族大肆攻占这片荒漠的时候，河对岸的山杨树还在开花，它那毛茸茸的柔荑花序里的种子，刚开始成熟。

再过一个月，夏天就要来临了。

云杉王国里充满了节日的喜庆气氛，它们的树枝上挂起了红灯笼，那是新的球果，而另外稍微晚一点儿挂的是绿色的球果。云杉换上了新装，深绿色的针叶枝条上，缀满了金黄色的花絮。云杉开花了！悄悄地孕育着来年的种子。

此刻，那些埋到荒漠里的种子们，喝饱了香甜的春水，一个个都鼓起来了，它们准备着破土而出，变成一棵棵小树苗呢！然而，到了现在，白桦树还没有开花呢！

我们的通讯员经过讨论，一致认为这片空地将成为云杉树的领地，其他树木错过了这个好机会。编辑部希望记者们为下一期《森林报》发来更加详细新颖的报道。

我非常喜欢这期报道，它给了我许多收获。印象最深的要算《森林中的战争》了。作者以拟人的手法，将森林里常见的植物生长、竞争描述得生动有趣，就像一场你争我夺的战争！当然，这种现象可不止出现在森林里，学习中，我们何尝不是这样呢？所以我一定要好好学习，更多地了解科学知识。

# 城市新闻

## 植树活动

现在，田野越来越广阔了。为了保护这广阔的田野，就需要大量的树林，植树造林就成了我们的国家大事，就连学校的孩子们都知道。这不，六年级A班的同学在教室后面放了一个大木箱子，用来装林木的种子。这就是一个**森林存储器**，里面装满了槭树的种子、白桦树的柔荑花序、坚硬的棕色橡树种子等。孩子们都带来了自己收集的各种种子，有个叫小维加的就带来了10千克白蜡树的种子。

到了秋天，我们就把这些种子送到政府的相应部门，他们会用来开办新的林木培养场。

现在，积雪早化了，大地一天天暖和起来。在列宁格勒的许多城市，盛大的植树周开始了。

学校里，花园里，公园里，还有住宅区和街道旁边，到处都是孩子们忙碌的身影，他们正忙着植树呢。

## 热闹的街道

街道上的夜幕刚落下，蝙蝠们就开始大举进攻市区街道了。它们一点儿也不在意来来往往的人群，只是盯着自己的目标——蚊虫和苍蝇，进行歼灭性的捕杀。

燕子飞来了，一共有3种燕子在我们这里生活。最先来的是家燕，它们长着剪刀似的长尾巴，咽喉的位置上有一些火红的斑点。家燕通常在郊区的木房子上筑巢。紧跟其后飞来的是金腰燕，它的样子不是很好看，短尾巴，白喉咙。你经常能在城市里的石头房子上找到它们的窝。最后来到的是灰沙燕，它长得小巧玲珑，灰色的身子，白色的胸脯。它们崇尚自然，窝巢都建在悬崖上的岩洞里，还会在那里孵出幼鸟。

这时，蚊子也出来了，这可不是好事情，人人都厌恶它们咬人的恶习。

# 林中狩猎

## 在市场上

这段时间，列宁格勒的市场上热闹非凡，各种各样的野鸭都汇集到这里：有浑身漆黑的野鸭，也有跟家鸭相似的野鸭；有大的野鸭，也有小的野鸭。有的野鸭尾巴像是长长的锥子，有的野鸭嘴巴像是宽宽的铲子，还有的野鸭嘴巴像是窄窄的尺子。

这个时候，如果外行的妇女去市场挑野味，那就麻烦了。很可能，她买回来的根本就不是野鸭，而是一只专门以鱼为食的潜水矶凫。

# 芬兰湾上

在涅瓦河口和喀琅施塔所在的科特林岛之间的部分，就是美丽安静的芬兰湾。渔民们称它为马尔基佐夫湖。

涅瓦河的冰早化了，可是湖里还有大块的冰。猎人乘着划子飞向冰块。等划子慢下来，靠近了冰块，猎人就跨上冰块。猎人会在自己的皮袄上套一件白色的罩衣，从划子里捉出一只雌野鸭，用绳子拴好，放到水里。雌野鸭叫唤起来，猎人坐上划子，划到不远处。

不用多久，远处就飞来了一只雄野鸭。当它听到雌野鸭的**召唤**，就赶紧飞来了，可是还没有等它落下来，只听“砰”的一声枪响，雄野鸭就“扑通”一声掉到了水里。

雌野鸭当然不知道自己叫唤的后果，还是不停地叫着，在不自觉中成了家族里的叛徒。雄野鸭听到它的叫声后，从四面八方赶过来。

但它们只注意到雌野鸭，却没有发现冰块旁还有一只白色的划子，划子上还有一个披白色罩衫的猎人。猎人不停地放枪，收获着**越来越多**的猎物。

# 载歌载舞月

（春三月）

一年12个月的欢乐诗篇：5月—森林中的大事—森林中的战争—城市新闻—林中狩猎

# 一年12个月的欢乐诗篇：5月

5月来了，唱歌去吧！跳舞去吧！

森林里的**歌舞升平**月拉开了盛大的序幕。

太阳努力地放射着光芒，用自己的光和热彻底战胜了黑暗和寒冷。白天越来越长，有的地方白夜开始了。

此刻，有了大地和春水的庇护，每一个生命都开始挺直身躯，变得昂扬起来。高高的树木穿上了绿叶做的新衣服，闪闪发光。无数昆虫振动着翅膀，飞舞在空中，用自己的方式表达着对5月的喜爱。黄昏的时候，夜里不睡觉的蚊母鸟和蝙蝠都会出来捕食昆虫，那可是它们的最爱。白天，家燕和野燕在空中飞翔，雕和鹰盘旋在大地和森林的上空。茶隼和云雀在空中抖动着翅膀，仿佛被云中来的绳索系住一样。没有门栓、虚掩着的大门开了，有着金黄色翅膀的蜜蜂飞了出来，它们唱着歌，做着游戏，跳着舞。琴鸡在地上，野鸭在水里，啄木鸟在树上，鹬鸟在天上，各自忙着自己的事情。诗人这样描述当时的景象：“五月的祖国，所有的生灵都在高歌。肺草从枯叶中钻了出来，替森林抹上了一层蓝色。”

我们还称5月为“啊呀月”，因为5月有时暖有时凉，特别容易变天。白天阳光明媚，晚上“啊呀”一下，就冷了下来。5月的天气，有时候你会感觉树荫下就是天堂，有时候你却要给马铺上稻草，自己爬上火炕。

## 欢腾的5月

没有不想展现自己勇敢、力量和敏捷的动物。现在的森林里，很少能听到歌声，看到舞蹈表演了。所有动物的牙齿都在发痒，因为它们都想打架。开战后，绒毛、兽毛和羽毛漫天飞舞。森林里的居民可是够忙的，这可是春天最后的一个月呀！夏天快要来了，鸟儿们忙着筑巢和孵蛋。村民说：“春想留在我们这里，一辈子不走，可是布谷鸟一叫，黄莺一啼，它就不自觉地倒在夏天的怀抱里了。”

序幕　虚掩　敏捷　歌舞升平

所有的生灵都在高歌。肺草从枯叶中钻了出来，替森林抹上了一层蓝色。

所有动物的牙齿都在发痒，因为它们都想打架。开战后，绒毛、兽毛和羽毛漫天飞舞。

# 森林中的大事

## 林中乐队

5月，夜莺终于开始扯开嗓子唱歌了，无论是白天还是黑夜，你总能听到它们婉转的歌声。

孩子们总是好奇地问：难道它们不睡觉么？鸟在春天忙忙碌碌的，几乎没有时间睡觉。夜莺也是一样，每次只睡一小会儿，而且还是忙里偷闲。它只在唱歌的间隙休息一下，有时候是在半夜或者中午打个盹儿就可以了。

森林中的清晨和黄昏，是鸟儿们举行**音乐会**的时间。这个时候不只是鸟在唱歌，还有其他动物也在举办演奏会。它们彼此独立地演奏着，各自有各自的曲子，各自有各自的唱法。

燕雀、夜莺和鸫鸟的歌声**清脆而纯净**，让人陶醉；甲虫和蚱蜢拉着小提琴；黄鸟和小巧的白眉鸫，吹出悠扬的笛声；狐狸和山鹑叫着；牝鹿咳嗽着；狼嗥着；猫头鹰“哼哼”着；丸花蜂和蜜蜂“嗡嗡”着；青蛙“咕噜咕噜”地吵一会儿，又“呱呱”地叫一会儿。

没有好嗓子也不要紧的，千万不要觉得难为情。每个动物都会按照自己的喜好来选择乐器。啄木鸟的乐器就是那些能发出响亮声音的枯树干，那就是它们的鼓，它们自己结实的嘴就是最好的鼓槌了。天牛的脖子在“吱吱”地响，这和小提琴拉出的曲子又有什么区别呢？

蚱蜢翅膀上有锯齿，它们小爪子上有钩子，它们用小爪子去抓翅膀上的锯齿，这样的演奏，很少见吧！

火红的麻鹬把长嘴伸到水里，使劲一吹，水被吹得“咕噜咕噜”响。湖水泛起阵阵涟漪。沙锥最聪明，它能用尾巴唱歌，奇怪吧！它飞腾而起，冲向云霄，然后张开尾巴，头向下直冲下来，尾巴带着风，发出嘘嘘声。

森林里的乐团真是不少呢！

sēn lín zhōng de zhànzhēng
# 森林中的战争

bù zhī dào nǐ men shì fǒu hái jì de wǒ men de sēn lín tōng xùn yuán zài cǎi fá dì de
不知道你们是否还记得，我们的森林通讯员在采伐地的
huāng mò li xiě guò de zhuān gǎo cóng nà tiān kāi shǐ tā jiù méi yǒu lí kāi guò nà piàn huāng
荒漠里写过的专稿。从那天开始，他就没有离开过那片荒
mò ér shì yì zhí děng zài nà lǐ xī wàng kàn dào xiǎo yún shān pò tǔ ér chū huāng mò biàn
漠，而是一直等在那里，希望看到小云杉破土而出，荒漠变
chéng lǜ dì
成绿地。

jǐ cháng yǔ hòu cǎi fá dì zhēn de fàn qīng le kě shì zǐ xì kàn kan què fā
几场雨后，采伐地真的泛青了。可是仔细看看，却发
xiàn cóng tǔ li zuān chū lái de bú shì xiǎo yún shān ér shì xiē bù zhī dào míng zi de zhí wù
现从土里钻出来的不是小云杉，而是些不知道名字的植物。

zhè xiē zuān chū dì miàn de dōu shì xiē shēng mìng lì wán qiáng de cǎo lèi jiā zú tā
这些钻出地面的都是些生命力顽强的草类家族，它
men gǎn zài yún shān qián pò tǔ ér chū qiáo qiao nà xiē suō cǎo hé fú zǐ máo zhǎng de yòu
们赶在云杉前**破土而出**。瞧瞧那些莎草和拂子茅，长得又
kuài yòu mì suī rán xiǎo yún shān pīn mìng de zhēng zhá zhe wǎng wài zuān kě hái shi wǎn le yí
快又密。虽然小云杉拼命地挣扎着往外钻，可还是晚了一
bù cǎi fá dì yǐ jīng bèi yě cǎo dà jūn gōng xiàn le
步，采伐地已经被野草大军攻陷了。

dì yī cháng dà zhàn jiù zhè yàng fā shēng le xiǎo yún shān shēn kāi shù shāo bō kāi tóu
第一场大战就这样发生了。小云杉伸开树梢，拨开头
dǐng shang mì mi má má de yě cǎo yě cǎo yě bù gān shì ruò hěn mìng de yā zhù xiǎo yún
顶上**密密麻麻**的野草。野草也不甘示弱，狠命地压住小云
shān de shù shāo bú ràng tā men xiàng shàng shēng zhǎng
杉的树梢，不让它们向上生长。

地面上的战斗激烈地进行着，地下的战斗进行得同样激烈。野草和云杉树的根在地下死命纠缠，互相缠绕，彼此捶打，争得你死我活。它们的目的就一个：夺取地下甘甜的水源和肥沃的土壤。在这场没有硝烟的战斗中，不知道有多少小云杉还没有来得及见到阳光，就已经被勒死在地下。草根是那样柔韧结实，在地下结成了一张密集强韧的网，围堵着小云杉。

有些小云杉，千辛万苦地钻出了地面，却也没有逃脱野草的纠缠，被难缠的野草紧紧地缠绕着。它们努力地想挣脱，可是很难突破密实的草网，最后因见不到阳光死去了。

战斗异常残酷，有些幸运的云杉逃出了野草的围堵，沐浴在阳光里，随风舞动，享受着胜利的喜悦。

在采伐地战斗进行得如火如荼的时候，对岸的白桦树才刚刚开花，而山杨树已经做好了远征的准备，要在河对岸登陆了。

山杨树的柔荑花序张开了。每一个柔荑花序里都会飞出几百个白色的毛茸茸的小种子，像是一个个张开伞的小伞兵飘荡在空中。风儿轻轻地吹着，带着这些小伞兵开始了旅行。它们穿过河流，来到了河的对岸。这时候，风儿轻

轻地松开手，小伞兵们就降落到采伐地上，有的还**侵占**到云杉的王国里。等下一场春雨来临，它们就会来到地下，和泥土混在一起，从地面上消失了。

日子一天天过去了，采伐地的战争仍在进行着。这时，蛮横的草类家族已经无法和云杉家族抗衡了。虽然它们努力地伸直腰，但是怎么也超不过身旁的云杉树。云杉树现在可以尽情地**享受**着风儿的抚摸，阳光的沐浴，大地的滋润，再也不会受到草族的威胁了。

草族开始感到死亡的恐惧了。云杉树张开了它们的叶子，笼罩在野草的上空，抢走了所有的阳光。浓密的树荫下，失去阳光照耀的野草软绵绵地趴在地上，**苟延残**

喘着。

这时，小山杨刚刚钻出了地面，面对陌生的世界显得局促不安。它们凑到一起，颤颤巍巍的。它们来得太迟了，根本没有力量对抗强大的云杉树。

面对新生的山杨，云杉没有丝毫的怜悯。它们伸开黑漆漆的针状树枝，遮蔽了阳光的照耀。浓荫下，小山杨衰弱得很快，过不了几天就**枯萎**了。

就在强大的云杉即将庆祝胜利的时候，又一批新的伞兵空降到了采伐地上。它们是乘着两只翅膀的小滑翔机飞来的。它们一来，就和泥土搅和到了一起。这些伞兵是白桦树的种子，它们打打闹闹地飞过河流，散步到采伐地上。

不知道它们能否和**强大**的云杉王国进行斗争，最终谁又是这里的王者呢？

更多精彩战斗报道将见于下期《森林报》，敬请关注。

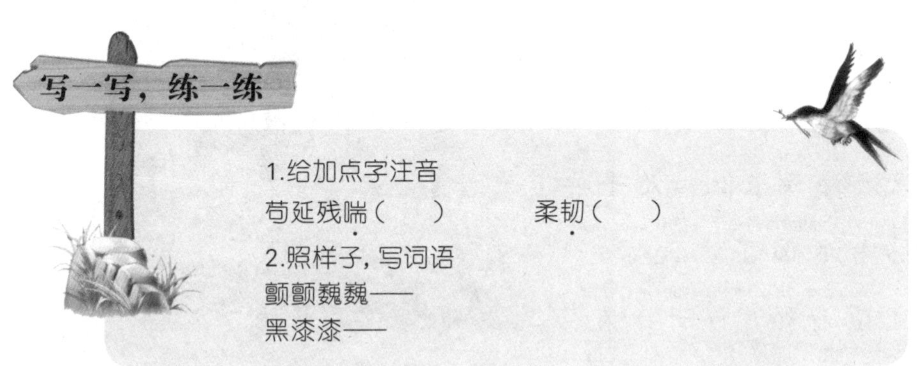

## 写一写，练一练

1.给加点字注音

苟延残喘（　　）　　柔韧（　　）

2.照样子，写词语

颤颤巍巍——

黑漆漆——

chéng shì xīn wén
# 城市新闻

kōngzhōng huó yún
## 空中活云

yuè rì niè wǎ hé hé pàn xǔ duō shì mín zhèng zài sàn bù tiān kōng méi
6月11日，涅瓦河河畔，许多市民正在散步，天空没
yǒu yì sī yún cai tài yáng zhì kǎo zhe dà dì fáng zi hé bǎi yóu mǎ lù bèi kǎo de gǔn
有一丝云彩，太阳炙烤着大地，房子和柏油马路被烤得滚
tàng rén men yě bèi rè lànghōng kǎo de chuǎn bu guò qì lái zhǐ yǒu xiǎo hái zi máng zhe
烫。人们也被热浪烘烤得喘不过气来，只有小孩子忙着
wán shuǎ
**玩耍**。

tū rán hé duì àn chū xiàn le yí
突然，河对岸出现了一
piàn hè sè de yún suǒ yǒu de rén
片褐色的云，所有的人
dōu bèi xī yǐn zhù le rén men tíng
都被吸引住了。人们停
xià le jiǎo bù wàng zhe nà piàn fú
下了脚步，望着那片浮
yún fú yún hěn dī jī hū yào
云。浮云很低，几乎要
fú zhe shuǐ miàn le dà jiā yì
拂着水面了。大家一
zhí wàng zhe nà piàn fú yún zhí
直望着那片浮云，直

dào tā men zài rén qún zhōng sì sàn kāi lái zhè ge shí hou rén men cái míng bai yuán lái tā
到它们在人群中四散开来。这个时候人们才明白，原来它
men bú shì fú yún ér shì yí dà qún qīng tíng
们不是浮云，而是一大群蜻蜓。

bù yí huìr zhōu wéi de shì jiè biàn de měi miào qǐ lái qīng tíng wéi rào zài rén men
不一会儿，周围的世界变得美妙起来。蜻蜓围绕在人们
de zhōu wéi gěi rén men dài lái le yì gǔ qīng xīn de wēi fēng gěi měi gè zào rè de rén zhù
的周围，给人们带来了一股清新的微风，给每个燥热的人注
rù le yì sī qīngliáng
入了一丝清凉。

hái zi men bú zài chǎo nào le chū shén de wàng zhe zhè qí yì de jǐng xiàng yáng guāng
孩子们不再吵闹了，出神地望着这奇异的景象：阳光
zhé shè zài qīng tíng chì bǎng shang zhào de qīng tíng xiàng pī zhe wǔ cǎi jià yī hái zi men yì
折射在蜻蜓翅膀上，照得蜻蜓像披着五彩嫁衣，孩子们异
cháng xīng fèn rén men de liǎn shang yìng zhào zhe wǔ cǎi de xiào yán wú shù jí xiǎo de cǎi
常兴奋，人们的脸上映照着五彩的笑颜。无数极小的彩
hóng guāng yǐng hé xīng xing tiào dòng zài rén men de shēn shang xiàng shuǐ jīng yì bān zhè piàn qīng
虹、光影和星星跳动在人们的身上，像水晶一般。这片蜻
tíng yún tuán tiào dòng zhe sōu sōu zuò xiǎng tā men pán xuán zài hé àn shàng kōng shēng gāo
蜓云团跳动着，嗖嗖作响，它们盘旋在河岸上空，升高
le xiē zài rén men de zhù mù zhōng xiàng yuǎn chù fēi zǒu le
了些，在人们的注目中，向远处飞走了。

zhè xiē jiù shì xīn chū shēng de qīng tíng tā men jié bàn ér xíng xún zhǎo xīn de
这些就是新出生的蜻蜓，它们结伴而行，寻找新的
zhù chù rén men zhǐ kàn dào tā men měi lì de shēn yǐng què bù zhī dào tā men cóng nǎ lǐ
住处。人们只看到它们美丽的身影，却不知道它们从哪里
lái dào nǎ lǐ qù
来，到哪里去。

qí shí zhè zhǒng chéng qún jié duì de qīng tíng zài wǒ men zhè lǐ hěn cháng jiàn rú guǒ nǐ
其实这种成群结队的蜻蜓，在我们这里很常见。如果你
fā xiàn le zhè yàng de qīng tíng kě yǐ guān zhù yí xià tā men lái zì hé dì qù xiàng hé fāng
发现了这样的蜻蜓，可以关注一下，它们来自何地，去向何方。

# lín zhōng shòu liè
# 林中狩猎

chūn tiān de liè níng gé lè fù jìn xiàn zài hěn nán zài bǔ huò dào dòng wù le dàn shì wǒ men de zǔ guó fú yuán liáo kuò zhè shí běi fāng de hé shuǐ gāng gāng kāi shǐ fàn làn zhèng shì dǎ liè de hǎo shí jié yīn cǐ měi nián dào le zhè ge shí hou xǔ duō liè rén jiù huì qù běi fāng dǎ liè

春天的列宁格勒附近，现在很难再捕获到动物了，但是我们的祖国幅员辽阔，这时北方的河水刚刚开始泛滥，正是打猎的好时节。因此，每年到了这个时候，许多猎人就会去北方打猎。

## shuǐ miàn dǎ liè
## 水面打猎

tiān shàng bù mǎn le wū yún zhēn de hǎo hēi jiù rú tóng qiū tiān de yè wǎn wǒ hé sài suǒ yī qí huá zhe xiǎo chuán zài lín zhōng de xiǎo hé li dàng yàng zhe xiǎo hé de liǎng àn gāo gāo dǒu dǒu de sài suǒ yī qí shì wèi yǒu zhe fēng fù jīng yàn de liè rén yǐ shàn yú dǎ gè zhǒng fēi qín zǒu shòu wén míng kě shì bù zěn me xǐ huan diào yú hái yǒu diǎnr kàn bu qǐ diào yú de rén yīn cǐ zài tā de xīn lǐ gēn běn jiù bù cún zài diào yú huò zhě bǔ yú zhè yàng de zì yǎn zhuā yú zhǐ néng shuō shì liè yú tā jiù shì zhè yàng de pí qi jiù shuō jīn tiān ba wǒ men lái zhuā yú xiàng yú wǎng yú gōu děng

天上布满了乌云，真的好黑，就如同秋天的夜晚。我和塞索伊奇划着小船，在林中的小河里荡漾着，小河的两岸高高陡陡的。塞索伊奇是位有着丰富经验的猎人，以善于打各种飞禽走兽闻名，可是不怎么喜欢钓鱼，还有点儿看不起钓鱼的人。因此，在他的心里，根本就不存在“钓鱼”或者“捕鱼”这样的字眼，抓鱼只能说是“猎鱼”。他就是这样的脾气。就说今天吧，我们来抓鱼，像渔网、鱼钩等捕鱼工具，他一样都没有带。他坐在船头，我在船尾掌舵，小船向前行驶着。

过了高高的河岸，我们来到了春水的泛滥区。这里，广阔的大地还淹没在水底，只有灌木丛的梢头儿露在水面上。经过一片黑黝黝的树影，我们来到一堵黑沉沉的墙边，那就是森林。

夏天，这里是一条小河和半大的湖泊，中间是一条狭窄的堤岸，岸上长满了灌木。堤岸中间有一条狭长的水道连接着湖泊和小河。而现在不一样，四处都是泛滥的春水，我们的小船可以自由地航行在灌木丛中。

在小船的船头，我们安置了一块铁板，上面放着一些枯枝和引火的柴草。塞索伊奇擦着了一根火柴，把篝火点得旺旺的。我只管随意地划着桨，并不需要把桨露出水面。小船就这样静悄悄地向前走，眼前的风景是如此的美妙，我们好像到了一个幻境中。

我们到了湖中央。此时，湖底好像隐藏着一个巨人，身子覆盖着泥土，只有头顶裸露在外边，乱蓬蓬的长发在风中飘动着，不清楚这到底是水藻还是水草。

看！那里是一个黑乎乎的深潭，不知道到底有多深，也许并不算深，因为船头的篝火顶多能照两米远的地方。向着黑乎乎的深潭张望一下，心里还是有些胆怯，谁知道它里面会藏着些什么东西呢？

这时，一个水泡从黑咕隆咚的潭底蹿了上来，越来越快，越来越大，直奔我的眼睛而来，好像马上就要打到我的脸上。我**下意识**地把头一缩，这时，球却变成了红色，刚一出水面就炸开了。噢！真是虚惊一场，原来就是一个普通的沼气泡罢了。

我们就像是乘坐飞艇在一个陌生的星球旅游一般。

小船经过了几个小岛，稠密的树木挺立在小岛上。前面出现了一棵树，淹没在水里，树根纵横交错。一开始，我

还以为这是芦苇呢，黑乎乎的有点儿怪。树根弯曲成钩，又像是章鱼的触须，样子真的让人害怕。

塞索伊奇是个左撇子，他站在船头，手里举着鱼叉，我抬起头看着他。

他两眼炯炯有神，专注地盯着水里，像是一个长满络腮胡的矮个子军人，手里握着长矛，雄赳赳，气昂昂，威武极了，随时准备将手中的鱼叉投向脚下的敌人。

鱼叉的叉杆足有两米长，下面是5个闪闪放光的钢齿，钢齿上还带着倒齿。

篝火熊熊地燃烧着，映照着塞索伊奇的脸。他的脸在火光的照耀下变得通红。突然，他转向我，冲我使了一个眼色，我赶忙停止了划船。

只见他把鱼叉小心地浸入水里。我顺着叉的方向看去，只见一条长长的黑影停在水里。我原以为是一根棍子，仔细一看，原来是一条大鱼的脊背。塞索伊奇把鱼叉斜对着那道黑影，慢慢地向水下伸了过去。鱼似乎发现了危险，警惕地停住了，塞索伊奇也停了下来，人和鱼就僵持住了。

突然，塞索伊奇猛地把鱼叉竖起，狠狠地插向了大鱼的脊背，然后又迅速地拖了上来。叉头上，一条大鲤鱼扑腾着。我敢断定，那条鱼至少有2千克。

wǒ men jì xù qián jìn zǒu le bù duō yuǎn yòu fā xiàn le yì tiáo gè tóu bú shì hěn
我们继续前进。走了不多远，又发现了一条个头不是很
dà de lú yú tā yě gǎn shòu dào le yú chuán de dào lái huá le yí gè shuǐ huā jiù zuān
大的鲈鱼。它也感受到了鱼船的到来，划了一个水花就钻
dào guàn mù cóng zhōng yí dòng yě bú dòng fǎng fú zài shēn sī zhe shén me
到灌木丛中，一动也不动，仿佛在深思着什么。

zhè tiáo lú yú gū jì lí shuǐ miàn bú shì hěn shēn wǒ kě yǐ qīng chu de kàn dào tā
这条鲈鱼估计离水面不是很深，我可以清楚地看到它
shēn shang de hēi tiáo wén wǒ xīng fèn de kàn kan sài suǒ yī qí xī wàng tā gǎn kuài dòng
身上的黑条纹。我兴奋地看看塞索伊奇，希望他赶快动
shǒu kě shì tā chòng wǒ yáo yao tóu yì si shì bú yào zhuā zhè tiáo yú wǒ xīn lǐ zuó
手。可是他冲我摇摇头，意思是不要抓这条鱼。我心里琢
mo zhe kě néng shì tā rèn wéi zhè tiáo yú tài xiǎo le bù xiǎng qù shāng hài tā
磨着，可能是他认为这条鱼太小了，不想去伤害它。

jiù zhè yàng wǒ men huá zhe chuán rào zhe hú yóu dàng zhe zài wǒ men de yǎn qián
就这样，我们划着船，绕着湖游荡着。在我们的眼前，
fú xiàn chū yí mù mù mí rén de jǐng xiàng rú guǒ bú shì yōu xiù de liè rén bù shí de chā qǐ
浮现出一幕幕迷人的景象。如果不是优秀的猎人不时地叉起
hú li de dà yú wǒ zhēn de bú yuàn yì bǎ shì xiàn cóng měi jǐng zhōng yí kāi
湖里的大鱼，我真的不愿意把视线从美景中移开。

tū rán yì gēn héng mù dǎng zài chuán tóu wèi le bì miǎn zhuàng huài xiǎo chuán wǒ
突然，一根横木挡在船头，为了避免撞坏小船，我
gǎn máng bǎ chuán guǎi xiàng le páng biān kě shì sài suǒ yī qí tū rán dī shēng jiào qǐ
赶忙把船拐向了旁边。可是，塞索伊奇突然低声叫起
lái dài zhe fèn nù hái yǒu diǎnr xīng fèn tíng tíng shì suō
来，带着**愤怒**，还有点儿兴奋："停……停……是……梭
yú tā xùn sù de bǎ yú chā shàng duān de shéng zi chán dào shǒu shang miáo zhǔn le qián
鱼。"他迅速地把鱼叉上端的绳子缠到手上，瞄准了前
miàn de suō yú hěn hěn de chā le guò qù
面的梭鱼，狠狠地插了过去。

zhòng chā de suō yú jīng kǒng wàn fēn dài zhe yú chā kuáng bēn qǐ lái lì qi dà de
中叉的梭鱼惊恐万分，带着鱼叉狂奔起来，力气大得
xià rén jìng rán bǎ wǒ men de chuán tuō zhe zǒu le hěn yuǎn xìng hǎo yú chā chā de hěn shēn
吓人，竟然把我们的船拖着走了很远。幸好鱼叉插得很深，
tā wú lùn rú hé yě bù néng bǎi tuō
它无论如何也不能**摆脱**。

zhōng yú suō yú lèi le sài suǒ yī qí bǎ tā tuō le shàng lái nán guài nà me
终于，梭鱼累了。塞索伊奇把它拖了上来。难怪那么
dà de lì qi zhè tiáo suō yú jìng rán yǒu qiān kè zhòng
大的力气，这条梭鱼竟然有7千克重。

# 忙碌筑巢月

（夏一月）

一年12个月的欢乐诗篇：6月—森林中的大事—森林中的战争—林中狩猎

# 一年12个月的欢乐诗篇：6月

6月，玫瑰花正在竞相开放。鸟儿也完成了迁徙的过程，浪漫的夏季开始了。天越来越长，夜越来越短，在极北的地方，已经出现了极昼——完全没有黑夜。空气越来越湿润，花开得越来越鲜艳，金凤花、立金花、毛茛，把草地染成一片**明晃晃**的金色。

勤劳的人们在这个季节里早早地起来，采集那些花、茎、叶做成药材，以备患病时的不时之需。

所有的小鸟都有了自己的小窝，窝内有各种颜色的鸟蛋，那些小生命就是从这些薄薄的蛋壳里面钻出来的，然后它们开始生长，慢慢地就长成了各种颜色的小鸟。

# 森林中的大事

夏天，是森林里最热闹的季节，这时候池塘里已经长满了浮萍。不认识浮萍的人可能会误以为那是苔草。其实浮萍和苔草是有区别的。浮萍和其他植物比起来，显得更加有趣。跟其他的植物不一样，浮萍的根又细又小，一些像叶子一样的小绿片浮在水面上，绿片上面长着一个**又长又圆**的凸起，我们把这些叫作小烧饼茎和小烧饼枝。

浮萍是没有叶子的，偶尔会开出几朵小花，但大多数浮萍是不开花的。浮萍的繁殖能力极为强大，同时它的繁殖也非常**简单**，只要有水，从小烧饼茎上落下一个小烧饼枝儿，那就可以了。这样，一棵浮萍就变成了两棵，如此一来，池塘里很快就到处都是浮萍了。

浮萍的日子也是过得非常**悠闲**的，它不会把自己固定在同一个地方，每当有野鸭子游过来的时候，它就缠在野鸭

zi de jiǎo shang cóng yí gè dì fang dào dá lìng yí gè dì fang zhè zhǒng lǚ xíng fāng shì yě
子的脚上，从一个地方到达另一个地方，这种旅行方式也
suàn shi dú yī wú èr de le
算是独一无二的了。

jiǎo huá de hú li
## 狡猾的狐狸

zhè yì tiān hú li yù dào le yí jiàn dǎo méi de shì qing tā zhèng zài dòng li péi
这一天，狐狸遇到了一件倒霉的事情：它正在洞里陪
zhe zì jǐ de bǎo bèi ér zi wánr wū dǐng tū rán diào le xià lái xiǎo hú li chà yì diǎnr
着自己的宝贝儿子玩儿，屋顶突然掉了下来，小狐狸差一点
jiù méi mìng le hú li xīn lǐ àn zì jiào kǔ yòu yào bān jiā le kě shì xiàn zài dào
儿就没命了。狐狸心里暗自叫苦：又要搬家了，可是现在到
nǎ lǐ qù zhǎo gè jiā ne
哪里去找个家呢？

yú shì tā pǎo dào lǎo lín jū huān de jiā zhōng zhǔn bèi jiè tā de fáng zi zàn zhù yí zhèn
于是它跑到老邻居獾的家中，准备借它的房子暂住一阵
zi huān de fáng zi hěn dà zú gòu róng nà liǎng gè jiā tíng jū zhù dòng li hěn gān jìng
子。獾的房子很大，足够容纳两个家庭居住。洞里很干净，
hú li yì biān kàn yì biān àn zì gāo xìng zhè bǐ zì jǐ de nà ge jiā qiáng duō le yǒu
狐狸一边看，一边暗自高兴：这比自己的那个家强多了，有
rù kǒu yě yǒu chū kǒu wēi jī lái lín de shí hou kě yǐ táo shēng
入口，也有出口，危机来临的时候可以逃生。

hán xuān guò hòu hú li shuō míng lái yì huān mǎ shàng jiù bù gāo
**寒暄**过后，狐狸说明来意，獾马上就不高
xìng le tā shì yí gè fēi cháng ài gān jìng de jiā huo píng rì li
兴了。它是一个非常爱干净的家伙，平日里
suī rán hé hú li yǒu lái wǎng dàn shì tā shòu bu liǎo hú li de lā
虽然和狐狸有来往，但是它受不了狐狸的邋
ta gèng hé kuàng hú li hái dài zhe zì jǐ de hái zi ne yú
遢，更何况狐狸还带着自己的孩子呢！于
shì tā jiù bǎ hú li niǎn le chū lái
是它就把狐狸撵了出来。

hú li mǎn dù zi de bù gāo xìng dàn shì
狐狸满肚子的不高兴，但是
tā bìng méi yǒu biǎo shì chū lái zhǐ bú guò xīn lǐ àn
它并没有表示出来，只不过心里暗
àn fā shì yí dìng yào bǎ zhè ge fáng zi jù wéi jǐ
暗发誓一定要把这个房子据为己

yǒu yú shì hú li jiù kāi shǐ le tā de jì huà
有。于是狐狸就开始了它的计划。

hú li jiǎ zhuāng xìng xìng de lí kāi le huān de jiā dàn shì tā gēn běn jiù méi yǒu zǒu
狐狸假装悻悻地离开了獾的家，但是它根本就没有走
yuǎn ér shì yòng zéi liàng de yǎn jing zài bù yuǎn chù de guàn mù cóng zhōng tōu tōu kàn zhe
远，而是用贼亮的眼睛在不远处的灌木丛中偷偷看着。

huān cóng dòng li tàn chū tóu zhāng wàng le yí xià kàn dào hú li zǒu le zhè cái pá
獾从洞里探出头张望了一下，看到狐狸走了，这才爬
chū lái qù shù lín li zhǎo chī de qù le
出来，去树林里找吃的去了。

kàn dào huān zǒu yuǎn le hú li xùn sù pǎo jìn huān de dòng li xiān zài dì shang lā
看到獾走远了，狐狸迅速跑进獾的洞里，先在地上拉
le yì duī shǐ rán hòu sā niào zuì hòu bǎ huān de wō li nòng de luàn qī bā zāo zhè cái
了一堆屎，然后撒尿，最后把獾的窝里弄得乱七八糟，这才
xìng gāo cǎi liè de lí kāi le rán hòu tā yòu duǒ jìn le guàn mù cóng tā xiǎng kàn kan
**兴高采烈**地离开了。然后，它又躲进了灌木丛，它想看看
huān nà qì jí bài huài de yàng zi
獾那气急败坏的样子。

děng dào huān huí dào jiā zhōng yí kàn dùn shí huǒ mào sān zhàng tā shì gè yǒu jié pǐ
等到獾回到家中一看，顿时**火冒三丈**，它是个有洁癖
de jiā huo jiā bèi nòng chéng zhè yàng tā zài yě zhù bu xià qù le yú shì zhǐ néng qì
的家伙，家被弄成这样，它再也住不下去了，于是只能气
hēng hēng de dào bié chù qù xún zhǎo zì jǐ de jiā le
哼哼地到别处去寻找自己的家了。

ér zhè yí qiè hú li dōu kàn zài yǎn li zhè yě zhèng shì hú li xiǎng yào dé dào
而这一切，狐狸都看在眼里，这也正是狐狸想要得到
de jié guǒ yú shì tā huí qù bǎ zhè ge hǎo xiāo xi gào su le zì jǐ de bǎo bèi hái zi
的结果。于是它回去把这个好消息告诉了自己的宝贝孩子。

yú shì hú li yì jiā xìng gāo cǎi liè de bān dào xīn jiā le huān dāng rán zhī dào shì
于是，狐狸一家兴高采烈地搬到新家了。獾当然知道是
hú li zài bèi hòu dǎo guǐ què shì yǎ ba chī huáng lián yǒu kǔ shuō bù chū
狐狸在背后捣鬼，却是哑巴吃黄连——有苦说不出。

## 森林中的战争

跟草族和小山杨一样悲惨，年轻的白桦树的命运也发生了巨大的转变，它们也被云杉打败了。

现在，云杉成了那块砍伐地上的霸主，再也没有谁能与它们为敌了。我们的森林记者决定到另一块土地上去看看，那里曾经被大量地砍伐过，成了不毛之地。

在那片土地上，我们看到了这些新的统治者——云杉。看起来，它们的情况并没有像它们已经成为统治者那样乐观。很显然，它们正面临着巨大的困难。

我们的记者看到，虽然这些云杉的根扎得面比较广，但是深度不够。

此外，云杉在幼年时期很怕冷，我们的记者看到，小云杉树上所有的幼芽都没有熬过寒冷的冬天，稍微弱一点的树枝都被吹断了。所以，在春天来临的时候，那片曾被云杉征服的土地上，竟然连一棵小云杉都没有留下。

由于云杉并不是每年都有种子可以收获，所以虽然它们很快就取得了胜利，但是并没有很牢固的根基。真是可惜，在很长一段时间内，它们丧失了战斗力。

第二年春天，草族刚从土里钻出来，就打起仗来。现在，它们的对手是小山杨和小白桦。

小山杨和小白桦都已经长得很高了，它们可以很轻松地将身上的野草抖干净。

就在年前，那些野草还缠在它们身上，紧密地包围着它们。冬天的时候，这些野草枯萎了，像一层厚厚的棉被盖在大地上。这些枯草腐烂以后，产生了巨大的热量，这正好帮助小山杨、小白桦抵挡冬季的寒冷。当新的小草长出以后又可以保护刚长起来的树苗，这样早霜就袭击不到它们了。

那些瘦弱的野草再也不能阻挡小山杨和小白桦了。它们明显地落后了，它们只是长出了那么一丁点，就被小树给压住了。

当小树长到比草还要高的时候，它们就立刻把自己的枝叶伸展开来。虽然，山杨和白桦的叶子比不上云杉的叶子那样**又浓又密**，但是它们的叶子比云杉的叶子要宽得多，这使得它们照样能遮住阳光。

一开始的时候，这些小草还感觉不到压力，但是时间一长，它们就受不了了。

这些小山杨和小白桦像草一样密集地生长：根连在一起，手拉在一起，把小草赖以生存的阳光给夺走了，虽然小草们还在竭尽全力地反抗，但是已经**于事无补**了。小山杨和小白桦已经占据了绝对的优势。

没过多久，这些小草就都死了，胜利属于小山杨和小白桦。

于是，我们的森林记者又打算到第三块被砍伐过的土地上去看看是怎样的一种情况。

他们在那里又有什么新鲜的发现呢？我们会继续为您详细报道。

# lín zhōng shòu liè
# 林中狩猎

## shén mì shā shǒu
## 神秘杀手

sēn lín li fā shēng le yí jiàn guān yú xiǎo niú de xiōng shā àn yí gè xiǎo nán hái cóng
森林里发生了一件关于小牛的凶杀案。一个小男孩从
sēn lín li pǎo le chū lái yì biān pǎo yì biān hǎn bù hǎo le bù hǎo le xiǎo niú bèi
森林里跑了出来，一边跑一边喊：“不好了！不好了！小牛被
yě shòu chī le
野兽吃了！”

nà xiē jǐ nǎi nǚ gōng yì tīng dào zhè ge xiāo xi jiù kū qǐ lái yīn wèi nà tóu xiǎo niú shì tā men zuì hǎo de xiǎo niú le tā céng jīng zài zhǎn lǎn huì shang dé guò dà jiǎng ne tā men lián shǒu li de huó dōu bú gàn le lì kè cháo sēn lín li pǎo guò qù zài nà piàn sēn lín li de mù chǎng shang nà tóu xiǎo niú de shī tǐ jiù zài nà lǐ bú guò tā de rǔ fáng bèi yǎo diào le bó zi hòu bian yě gěi sī pò le
那些挤奶女工一听到这个消息就哭起来，因为那头小牛是她们最好的小牛了，它曾经在展览会上得过大奖呢！她们连手里的活都不干了，立刻朝森林里跑过去。在那片森林里的牧场上，那头小牛的尸体就在那里。不过它的乳房被咬掉了，脖子后边也给撕破了。

qí guài de shì qí yú de dì fang bìng méi yǒu shén me shāng hén kěn dìng shì kě wù de xióng
奇怪的是，其余的地方并没有什么伤痕。“肯定是可恶的熊
gàn de liè rén xiè ěr gài shuō tā zǒng shì zhè ge yàng zi de bǎ liè wù yǎo sǐ zhī
干的。”猎人谢尔盖说，“它总是这个样子的：把猎物咬死之
hòu jiù rēng zài nà ge dì fang děng dào ròu biàn chòu le cái guò lái chī diào yí dìng shì zhè
后就扔在那个地方，等到肉变臭了才过来吃掉。”“一定是这
ge yàng zi de méi cuò ān dé liè diǎn zhe tóu fù hè dào xiàn zài dà huǒr dōu zǒu
个样子的，没错！”安德烈点着头附和道。“现在大伙儿都走
ba xiè ěr gài shuō jīn tiān wǎn shang wǒ men zài zhè kē shù shang dā yí gè péng zi
吧！”谢尔盖说，“今天晚上我们在这棵树上搭一个棚子，
jí biàn jīn tiān wǎn shang nà zhī xióng bù lái míng tiān yè lǐ yě yí dìng huì lái de dào shí hou
即便今天晚上那只熊不来，明天夜里也一定会来的，到时候
wǒ men kěn dìng néng wèi zhè tóu xiǎo niú bào chóu sài suǒ yī qí méi yǒu shuō huà yóu yú tā
我们肯定能为这头小牛报仇。”塞索伊奇没有说话，由于他
gè tóu xiǎo zài rén qún li xiǎn bu chū lái suǒ yǐ rén men bìng méi yǒu zhù yì dào tā hé
个头小，在人群里显不出来，所以人们并没有注意到他。“和
wǒ men yì qǐ zài zhèr shǒu zhe méi yǒu wèn tí ba xiè ěr gài hé ān dé liè zhuǎn tóu
我们一起在这儿守着，没有问题吧？”谢尔盖和安德烈转头
wèn sài suǒ yī qí sài suǒ yī qí méi yǒu huí dá ér shì zhuǎn shēn zǒu dào lìng yì biān zài
问塞索伊奇。塞索伊奇没有回答，而是转身走到另一边，在
dì miàn shang zǐ xì de guān chá zhè bù kě néng a tā shuō xióng shì bú huì dào zhè
地面上仔细地观察。“这不可能啊，”他说，“熊是不会到这
lǐ lái de xiè ěr gài hé ān dé liè duì shì le yí xià yì kǒu tóng shēng de shuō suí
里来的。”谢尔盖和安德烈对视了一下，异口同声地说：“随
nǐ biàn ba rén men zhú jiàn sàn qù le sài suǒ yī qí yě suí zhe rén men zǒu le
你便吧。”人们逐渐散去了，塞索伊奇也随着人们走了。

xiè ěr gài hé ān dé liè liǎng gè rén yì qǐ dòng shǒu zài yì kē sōng shù shang dā qǐ
谢尔盖和安德烈两个人一起动手，在一棵松树上搭起
le péng zi guò le bù jiǔ sài suǒ yī qí yòu huí lái le bú guò zhè cì tā shǒu li duō
了棚子。过了不久，塞索伊奇又回来了。不过这次他手里多
le bǎ shǒu qiāng hòu miàn hái gēn zhe xiǎo liè gǒu tā yòu zǐ xì de kān chá le yí xià xiàn
了把手枪，后面还跟着小猎狗。他又仔细地勘察了一下现
chǎng hěn rèn zhēn de kàn le kàn zhōu wéi de nà xiē shù rán hòu tā jiù chū fā le zhè tiān
场，很认真地看了看周围的那些树，然后他就出发了。这天
wǎn shang xiè ěr gài hé ān dé liè yì zhí zài péng zi li děng dài zhe nà ge xiōng shǒu de dào
晚上，谢尔盖和安德烈一直在棚子里等待着那个凶手的到
lái yì zhěng wǎn guò qù le yě shòu méi yǒu chū xiàn dì èr wǎn nà zhī yě shòu hái
来。一整晚过去了，野兽没有出现。第二晚，那只野兽还
shi méi yǒu lái dì sān wǎn hái shi zhè yàng
是没有来。第三晚，还是这样！

两个人突然对自己的判断失去了信心："大概我们真的错了，塞索伊奇注意到了一些细节的东西，而我们没注意到，凶手可能并不是黑熊。""那么我们去问他好不好？""问谁呀？那只熊吗？""不是的，我们去问塞索伊奇。""也只能这样了，走吧。"于是，他们就离开了棚子。正好塞索伊奇刚从森林里回来，显得很疲惫。一个大袋子放在他的脚边，他正在仔细地擦着猎枪。"我们正准备去找你！"谢尔盖和安德烈说，"你的话是对的，凶手可能并不是黑熊。你是怎么知道的，能告诉我们吗？""你们听说过熊把小牛咬死，却只啃乳房，而把牛肉扔下不管的事情吗？"塞索伊奇反问他们两个。他们两人你看看我，我看看你，都摇了摇头。"难道你们没有看清楚地上的脚印？"塞索伊奇继续问。"我们倒是看到了，凶手的脚印很宽，大概有25厘米。""那脚爪印呢？"两个人回答不上来了。"好像并没有啊！""这就对了，如果凶手是熊的话，那么一眼就可以看到脚爪印了。现在我想问你们的是：什么野兽走起路来缩着爪子？""是狼吧？"谢尔盖猜测道。塞索伊奇笑了："你的经验见长了！""别胡说了！"安德烈说，"狼的脚印只比狗的大一点儿、长一点儿罢了，只有猞猁走路的时候才会把爪子缩起来，它的脚印是圆的。""这不就行了嘛！"

塞索伊奇说，“凶手就是猞猁。”“你不会是开玩笑吧？”“看看我包里的东西你就会相信了。”谢尔盖和安德烈跑过去，把绳子解开，一张红褐色有斑点的大猞猁皮映入眼帘。

原来，凶手真的是猞猁！不过塞索伊奇是怎样到树林里追上这只猞猁，又是怎样把它打死的，这事只有他自己和他的猎狗知道。他从没有提起过这件事情，看来这是一个谜团了。猞猁**攻击**小牛这种事情我们很少听说，可却在我们身边发生了。这真是“大千世界，无奇不有”呀！

勘察　映入眼帘　疲惫

今天晚上我们在这棵树上搭一个棚子，即便今天晚上那只熊不来，明天夜里也一定会来的，到时候我们肯定能为这头小牛报仇。

# 小鸟出生月

（夏二月）

一年12个月的欢乐诗篇：7月—森林中的大事—林中狩猎

# 一年12个月的欢乐诗篇：7月

7月，盛夏来临了，它不知疲倦地发号施令，什么都要管上一通。它告诉稞麦要鞠躬，并且要把头深深地低到地上；它告诉那些燕麦要穿上长袍；告诉荞麦脱光所有的衣服。

那些植物通过光合作用让自己更快地成熟起来。稞麦和小麦现在已经变成一片金色的海洋。把这些粮食储藏起来，足够我们吃上一年的。我们把青草割倒，晒干，堆成一座座干草垛，这是我们为那些牲畜储藏的口粮。

鸟儿也变得异常忙碌起来。它们现在已经没时间高声歌唱了，因为它们都已经有了鸟宝宝。那些鸟宝宝刚出生的时候，像个肉球一样，没有一根羽毛，它们的眼睛也没有睁开，所以需要鸟妈妈的照顾。食物倒是不缺乏的，地上、水里、所有森林里，甚至空中，到处都是，这些小家伙每天都能够吃到丰盛的美餐。

森林里到处都是熟透了的美味可口的浆果，比如草莓、黑莓、大覆盆子、甜樱桃等。在北方，金黄色的桑悬钩子已经熟透了；南方的樱桃、洋莓现在也是鲜美的浆果了。金黄色的草场又换了一套衣服，现在绣着野菊花的花衣裳已经被它穿在了身上，那些雪白的花瓣在太阳的照耀下显得无比娇艳。盛夏的阳光是最毒辣的，如果不小心，你的皮肤就会被它灼伤，所以还是小心为妙吧。

## 慈爱的父母

有些动物对自己的子女可以说是极其爱护的，如果你不相信的话，我们可以以驼鹿妈妈和山鹑妈妈为例来说明一下。

驼鹿妈妈为了保护自己的孩子，可以义无反顾地放弃自己的生命，哪怕攻击小驼鹿的是一头大黑熊，它也绝不会袖手旁观。驼鹿妈妈会抬起自己的四个蹄子，一顿乱踢。这一顿乱踢可真够大黑熊受的，那只黑熊狼狈逃窜，我相信它再也不敢打小驼鹿的主意了。

有一次，我们的森林记者在田野里碰到了一只小山鹑，它可能受到了惊吓，从记者脚底下跳出来，然后一溜烟地躲到草丛里去了。

我们的森林记者没费多大工夫就捉住了小山鹑，它吓得惊叫起来。这时候山鹑妈妈不知道从什么地方钻了出来，看到这一幕，它就“咕咕”地叫了起来，朝着我们的记者猛扑了过来，但猛然间又摔倒在地，翅膀也耷拉下来。

我们的记者看到这里，认为它受了伤，就松开小山鹑，去看山鹑妈妈到底怎么样了。

山鹑妈妈在前面的草地上一瘸一拐地走着，我们的记者只要一伸手就能捉到它了，但每次它都能从容地逃脱追捕。看到这种情况，我们的记者更加起劲儿了。可是，那只母山鹑突然抖动着翅膀飞上了天空，看起来没有一点儿受伤的模样。

当我们的记者再回过头来寻找那只小山鹑的时候，却发现小山鹑**踪迹全无**。原来这是一个计策，山鹑妈妈故意装作受伤来吸引记者的注意力，好让那只小山鹑从容地脱离险境。这一招可真够险的。可是对于山鹑妈妈来说，这的确算不了什么，因为这就是母爱，母爱是最伟大和最无私的。

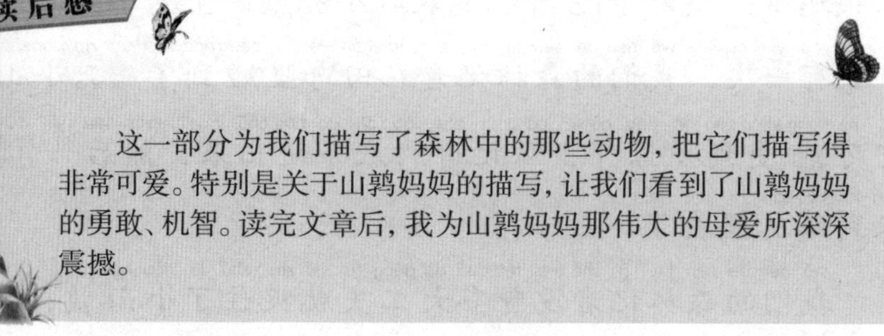

## 我的读后感

这一部分为我们描写了森林中的那些动物，把它们描写得非常可爱。特别是关于山鹑妈妈的描写，让我们看到了山鹑妈妈的勇敢、机智。读完文章后，我为山鹑妈妈那伟大的母爱所深深震撼。

sēn lín zhōng de dà shì
# 森林中的大事

xǐ zǎo de xiǎo xióng
## 洗澡的小熊

yǒu yì tiān wǒ men shú xi de yí gè liè rén zhèng yán zhe sēn lín zhōng xiǎo hé de
有一天，我们熟悉的一个猎人，正沿着森林中小河的
àn biān sàn bù tū rán tā tīng dào yí zhènzhèn huā lā huā lā de jù xiǎng zhè
岸边散步。突然，他听到一阵阵“哗啦，哗啦”的巨响，这
shēng yīn ràng tā gǎn dào hěn hài pà yú shì tā yí xià zi jiù pá dào le shù shang
声音让他感到很害怕，于是他一下子就爬到了树上。

zhè shí hou tā fā xiàn cóng lín zhōng zǒu chū lái jǐ zhī zōng xióng lǎo zōng xióng zài qián miàn
这时候他发现从林中走出来几只棕熊。老棕熊在前面
kāi lù hòu miàn jǐn gēn zhe de shì liǎng zhī xiǎo xióng zuì hòu miàn de shì yì zhī bàn dà bù xiǎo
开路，后面紧跟着的是两只小熊。最后面的是一只半大不小
de xióng kě néng shì nà zhī lǎo xióng de dà ér zi lǎo zōng xióng hé tā de dà ér zi chōng
的熊，可能是那只老熊的大儿子。老棕熊和它的大儿子充
dāng le liǎng zhī xiǎo xióng de bǎo mǔ
当了两只小熊的保姆。

zhè shí xióng mā ma zuò le xià lái xióng gē ge zé zhāng kāi dà zuǐ yǎo zhù yì zhī xiǎo
这时熊妈妈坐了下来。熊哥哥则张开大嘴咬住一只小
xióng shǐ jìn de wǎng shuǐ li àn
熊，使劲地往水里按。

kě shì kàn qǐ lái zhè zhī xiǎo xióng hěn hài pà xǐ zǎo tā jiān jiào qǐ lái sì jiǎo luàn
可是看起来这只小熊很害怕洗澡，它尖叫起来，四脚乱
dēng dàn shì xióng gē ge shǐ zhōng bú fàng kāi tā zhí dào bǎ tā hún shēn shàng xià dōu xǐ gān
蹬。但是，熊哥哥始终不放开它，直到把它浑身上下都洗干
jìng le cái bǎ tā cóng shuǐ li diāo le shàng lái
净了，才把它从水里叼了上来。

另外一只小熊一看大事不妙，一溜烟地跑进树林里面去了。

熊哥哥紧追过去，收拾了它一顿，然后用同样的办法给它洗澡。

正当熊哥哥给小熊洗澡的时候，一不小心，小熊掉进深水里去了。那只小熊吓得尖叫起来，熊妈妈慌忙跳进水里，把小儿子给捞了上来。之后，熊妈妈狠狠地揍了熊哥哥一顿。熊哥哥被揍得大哭不止，可真够倒霉的。

当小熊重新回到地面上的时候，它好像很高兴。在这么炎热的夏天里，洗一个凉水澡，可真够凉快的。

洗完澡之后，这些熊就又回到树林里去了，直到这个时候，我们的猎人才敢从树上爬下来，跑回家去了。这可真是一件**危险**的事情。

# lín zhōng shòu liè
# 林中狩猎

xiàn zài duì yú wǒ men lái shuō néng dǎ dào shén me yě wèi ne nà xiē xiǎo niǎo hái méi yǒu zhǎng dà hái bú huì fēi xiáng zài fǎ lǜ shang wǒ men shì bù néng gòu liè shā nà xiē xiǎo jiā huo de
现在，对于我们来说能打到什么野味呢？那些小鸟还没有长大，还不会飞翔，在法律上我们是不能够**猎杀**那些小家伙的。

bú guò duì yú nà xiē měng qín hé yě shòu lái shuō fǎ lǜ shì bù guǎn yòng de ér qiě tā men cóng lái dōu bú huì xīn cí shǒu ruǎn zhè kě néng jiù shì rén hé dòng wù de qū bié ba
不过，对于那些猛禽和野兽来说，法律是不管用的，而且它们从来都不会心慈手软。这可能就是人和动物的区别吧！

## tǎo yàn de jiā huo
## 讨厌的家伙

xià tiān de wǎn shang rú guǒ nǐ zǒu chū jiā mén jīng cháng huì tīng jiàn shù lín li chuán lái de guài shēng huò huò huò hā hā hā tīng guò zhī hòu huì ràng rén máo gǔ sǒng rán hún shēn qǐ jī pí gē da
夏天的晚上，如果你走出家门，经常会听见树林里传来的怪声——“嚯，嚯，嚯”“哈，哈，哈”，听过之后会让人**毛骨悚然**，浑身起鸡皮疙瘩！

yǒu shí hou cóng gé lóu li huò zhě wū dǐng shang nǐ yě huì tīng dào yǒu rén zài hēi àn zhōng mēn shēng mēn qì de dà jiào hǎo xiàng zài nà li dà shēng de cuī cù kuài zǒu kuài zǒu kuài qù fén tóu
有时候，从阁楼里或者屋顶上，你也会听到有人在黑暗中闷声闷气地大叫，好像在那里大声地催促：“快走！快走！快去坟头！”

正在这时，漆黑的夜空里突然出现了一双凶神恶煞的眼睛，发出鬼火一样的光芒。一个影子在你的身边悄无声息地划过，在你面前掠过一阵凉风。这时，难道你真的能够做到**镇定自若**吗？

正是出于这种原因，人们才恨透了那些鸮鸟和猫头鹰。树林里的猫头鹰每天晚上都会发出吓人的叫声，而住在人家阁楼上的鸮鸟，则会不停地催促：“快走！快走！快去坟头！”

就算是大白天，如果猫头鹰在一个黑乎乎的树洞里，突然探出头来，瞪着贼亮的眼睛，伸出钩子一样的嘴巴，在那里发出“吧嗒吧嗒”的声音，也是让人害怕的一件事情！

如果是在半夜里，家禽突然受到了惊吓，鸡发出“咯咯咯”的叫声，鸭“嘎嘎嘎”地怪叫着，鹅也在“嘎嘎嘎”地叫，那一定是鸮鸟或猫头鹰的杰作。第二天早晨，主人如果发现少了那么一两只家禽，就会大声地诅咒，并且一定会把账记在鸮鸟或猫头鹰身上的。因为也只有这两个家伙才那样地不讨人喜欢。

## 白天抢劫

偷东西的情况不只是晚上才有，即使是在白天，这种情况也时常发生。那些猛禽们会让这些家禽不得安宁。一不留神，小鸡就少了一只，而那些饲养家禽的人也会**怒不可遏**。

这只公鸡刚刚跳上篱笆，鹞鹰一下子就把它抓住了！那些鸽子刚从房檐上飞起来，还没有反应过来，就被不知从哪儿冒出来的游隼叼走了一只，留在地上的和**漫天飞舞**的都是鸽子身上的羽毛。想想都快被气疯了。

## 夜间狩猎

在夜里出去打猛禽是一件最有意思的事情。打猎的时候，我们一定要弄清楚一个问题：老雕和另外一些大猛禽

飞到哪里过夜？其实要知道这一点，也并不是很困难。

例如，在没有**悬崖**的地方，雕经常会在一些远离森林的大树顶上睡觉，只有这个地方，它才感觉到是安全的。

这时候是猎人下手的最好时机，他们会在一个黑夜里，来到这样的树旁。

雕还在熟睡中，它完全不知道猎人已经来到树下。突然间一束强光灯(电动灯或者电石灯)的刺眼光线射向了大雕。它还来不及反应，就被这出其不意的光线给照醒了，这时候它还是晕乎乎的，就像傻子似的蹲在枝头上，一动也不动。而猎人可是看得清清楚楚，他瞄准那只大雕，果断地扣动了扳机。

写出下列成语的意思。

毛骨悚然：

镇定自若：

怒不可遏：

# 成群结队月

（夏三月）

一年12个月的欢乐诗篇：8月—森林中的大事—森林中的战争—林中狩猎

# 一年12个月的欢乐诗篇：8月

8月，是闪电的节日。晚上的时候，那些闪电悄无声息地照亮了整个森林，转眼之间就消逝了。

夏天快要过去了，这是草坪在夏季里最后一次换装。现在，它变得更加**色彩斑斓**了，草地上开满了蓝色、淡紫色的小花。太阳也不像原来那么炽热，变得柔和多了。现在应该是收集、储藏夏季阳光的时候了。

较大的果实大都成熟了，比如蔬菜、水果。一些晚熟的浆果像越橘也快要成熟了；生长在沼泽地里的蔓越橘，还有长在树上的山梨，也慢慢成熟起来。

蘑菇是一种喜阴的菌类，它一直躲在阴凉处，避免太阳的照射，就像个小老头。

树木已经不再长高了，现在它们开始横着长，变得越来越粗了。

# 森林中的大事

## 贪吃的黑熊

一天晚上，猎人从森林里打猎回来。当他走到麦地边上的时候，突然发现一个黑乎乎的家伙正在麦地的边上转悠。猎人警觉起来，想看看这到底是一个什么东西。

这一看不打紧，猎人吓了一跳，原来竟然是一只大黑熊。它正趴在地里，美滋滋地**享受**着一捆燕麦，嘴里不断地有燕麦汁流出来，并且还不时地发出满足的哼哼声。

猎人的脑子飞快地**旋转**着，现在他猎枪里仅剩一颗子弹，并且是普通的小铅弹，那是用来打鸟的，对庞大的黑熊来说根本不顶用。

不过他是不会容忍黑熊糟蹋农民的庄稼的。他猛地扣动了扳机，一溜火星，一声枪响，惊动了正在享受美餐的黑熊。它根本不会想到现在这里竟然有人。

黑熊慌忙站起身来，四下里看看，一溜烟地跑到森林里去了。猎人在后面看得很清楚，那只黑熊是一路翻着跟头逃跑的，样子十分狼狈。看到这些，猎人感到十分好笑，不禁大笑起来，然后他就回家了。

第二天早上起来的时候，猎人心想：“我要到麦地里去，看看那只黑熊祸害了多少庄稼。”于是他就来到了昨天那个地方，这一看他差点儿笑了出来，原来那只黑熊吃得太多，拉肚子了，路上都是黑熊大便的痕迹。这也算是报应吧，谁让它糟蹋庄稼呢。

# 森林中的战争

现在我们的森林记者来到第四块砍伐地，这个地方的树木是30年前被采伐干净的。

有些山杨树和白桦树已经很高了，下面的一些小山杨、白桦们因为没有阳光都死掉了。只有那些小云杉还**顽强**地抗争着。

不过，那些高大的山杨树和白桦树好像并没有太在意，大概是它们过于自信了，它们看到的只是那些和自己差不多的同类，于是它们继续争斗，无休无止。谁长得高一些，谁就成了胜利者，它们用树干、树枝、树叶来压制对手，直至对手**颓然**死亡。

当那些大树倒下去之后，森林里就有了空隙，这时候阳光会毫无遮拦地照在那些小云杉上。一开始的时候，那些小云杉可能并不习惯这种强烈的阳光，对于它们而言，这简直是一件太过于奢侈的事情，所以它们需要一段时间来适应这种无私的馈赠。

等到小云杉适应了之后，它们就会突然之间疯长起来，身上的针叶完全换掉了，代之而起的是新生的针叶，而它的敌人——那些山杨和白桦还是毫无知觉。等到山杨和白桦看到竟然有一个异类混入它们中间的时候，它们已经没有能力控制局面了。

一场更为激烈的战争就此拉开了序幕。

强劲的秋风刮起来了，森林里所有的树木都变得兴奋起来。看！那些阔叶树猛地**扑**到云杉身上，树枝狠狠地抽打着云杉。

这时候，胆小的山杨树也加入了战团，虽然它平时连大气都不敢出一声，但现在它正用它的手——那些树枝去抓云杉，它想把云杉的叶子都抓掉。

白桦显然并不屑于这种小打小闹，它的身体很强壮，柔韧性又好，平时它一摇晃身子，旁边的树木都得让它三分，现在它又要开始施展本领了。

你看，白桦**抖动**着身体，贴紧了云杉，去抽打云杉的树枝和那些针叶。

这真是一场惨烈的战争，可谓是惊心动魄。对于山杨

shù de jìn gōng yún shān hái shi zhāo jià de zhù de dàn shì bái huà què bù tóng tā shì nà
树的进攻，云杉还是招架得住的，但是白桦却不同，它是那
me qiáng hàn yún shān xiǎn rán yǐ jīng kuài yào zhī chēng bu zhù le nǐ kàn bái huà shù měng
么强悍，云杉显然已经快要**支撑**不住了。你看，白桦树猛
rán jiān zhuā zhù le yún shān de shù zhī yún shān de shù zhī mǎ shàng jiù kāi shǐ kū wěi le
然间抓住了云杉的树枝，云杉的树枝马上就开始枯萎了；
tā de shǒu bì yí dàn zhuā zhù yún shān de shù gàn yún shān jiù huì diào xià yí kuài shù pí
它的手臂一旦抓住云杉的树干，云杉就会掉下一块树皮
lái wǒ bù zhī dào zhè yàng de zhàn zhēng huì chí xù duō cháng shí jiān yě bù zhī dào yún shān
来。我不知道这样的战争会持续多长时间，也不知道云杉
jiū jìng néng bu néng tǐng guò qù
究竟能不能挺过去。

rú guǒ xiǎng yào kàn dào zhè cháng zhàn zhēng de zuì hòu jié guǒ wǒ men bì xū zài zhè lǐ
如果想要看到这场战争的最后结果，我们必须在这里
shēng huó hěn duō nián wǒ men de sēn lín jì zhě jué dìng bú zài děng dài ér shì zhuǎn ér qù xún
生活很多年。我们的森林记者决定不再等待，而是转而去寻
zhǎo qí tā de kǎn fá dì huò xǔ zài nà xiē dì fang wǒ men néng gòu kàn dào zuì zhōng de jié
找其他的砍伐地，或许在那些地方，我们能够看到最终的结
guǒ kě shì shéi yòu néng zhī dào ne
果。可是谁又能知道呢？

wǒ men jiāng zài yǐ hòu wèi dà jiā jiǎng shù
我们将在以后为大家**讲述**。

# lín zhōng shòu liè
# 林中狩猎

## dǎ yě yā
## 打野鸭

yí dàn dào le xiǎo yě yā huì fēi de shí hou dà dà xiǎo xiǎo de yě yā jiù huì chéng qún fēi xíng yì tiān liǎng cì cóng yí gè dì fang fēi dào lìng yí gè dì fang liè rén hěn zǎo jiù zhù yì dào le zhè diǎn bái tiān de shí hou tā men zuān dào lú wěi cóng li shuì jiào děng dào mù sè jiàng lín tā men jiù huì fēi chū lú wěi cóng

一旦到了小野鸭会飞的时候，大大小小的野鸭就会成群飞行。一天两次，从一个地方飞到另一个地方。猎人很早就注意到了这点。白天的时候，它们钻到芦苇丛里睡觉，等到暮色降临，它们就会飞出芦苇丛。

liè rén yǐ jīng shǒu hòu duō shí le tā zhī dào yě yā yào xiàng tián yě li fēi zǎo jiù děng zhe tā men le

猎人已经守候多时了，他知道野鸭要向田野里飞，早就等着它们了。

tā zhàn zài àn biān duǒ cáng dào guàn mù cóng zhōng xiàng zhe shuǐ de fāng xiàng yáo wàng zhe yuǎn fāng de luò rì

他站在岸边，躲藏到灌木丛中，向着水的方向，遥望着远方的落日。

tài yáng yí luò shān wǎn xiá huǒ hóng huǒ hóng de jiù xiàng yí kuài pū kāi de dà mù zhè shí yě yā chéng qún de fēi guò tiān kōng zhí zhí de xiàng liè rén fēi lái zài zhè zhǒng qíng kuàng xià liè rén hěn róng yì miáo zhǔn zhǐ yào tā néng chū qí bú yì de cóng guàn mù hòu miàn shè jī dǎ zhòng de jué duì bú huì zhǐ shì yì zhī yě yā

太阳一落山，晚霞火红火红的，就像一块铺开的大幕。这时，野鸭成群地飞过天空，直直地向猎人飞来。在这种情况下，猎人很容易瞄准，只要他能出其不意地从灌木后面射击，打中的绝对不会只是一只野鸭。

liè rén xīng fèn de dǎ le yì qiāng yòu yì qiāng zhí dào tiān hēi xià lái cái zhù shǒu
猎人兴奋地打了一枪又一枪，直到天黑下来才住手。

yè lǐ yě yā zài tián li mì shí qīng chén jiù huì fēi dào lú wěi cóng zhōng zhè ge shí hou liè rén réng jiù mái fú zài guàn mù cóng zhōng zhǐ shì huàn le yí gè xiāng fǎn de fāng xiàng bèi cháo shuǐ liǎn xiàng dōng
夜里，野鸭在田里觅食，清晨就会飞到芦苇丛中。这个时候，猎人仍旧埋伏在灌木丛中，只是换了一个相反的方向，背朝水，脸向东。

yì qún qún yě yā yòu jìng zhí fēi xiàng le tā de qiāng kǒu
一群群野鸭又径直飞向了他的枪口。

## hǎo bāng shǒu
## 好帮手

lín jiān de kòng dì shang yǒu yì wō xiǎo qín jī zhèng zài mì shí bié xiǎo kàn tā men tā men jī ling zhe ne yí gè gè dōu zhǐ zài lín biān liū da wàn yī yǒu shén me qíng kuàng lì mǎ jiù táo huí shù lín le
林间的空地上，有一窝小琴鸡正在觅食。别小看它们，它们机灵着呢，一个个都只在林边溜达，万一有什么情况，立马就逃回树林了。

tā men zài zhuó shí jiāng guǒ ne
它们在啄食浆果呢！

tū rán yì zhī xiǎo qín jī tīng jiàn cǎo cóng zhōng xiǎng qǐ le shā shā shēng tā tái
突然，一只小琴鸡听见草丛中响起了沙沙声，它抬

起头，一张可怕的面孔映入眼里：厚厚的嘴唇，耷拉着舌头，两只贪婪凶狠的眼睛死死地盯着它。

小琴鸡缩成一团，小眼睛和那铜铃般的眼睛对峙着。它耐心地等待，等待将要发生的事情。只要对方向前一步，它就会张开翅膀，飞到旁边的树林中。

时间仿佛被定格了，那个“怪物”还是站在那里，对着蜷缩的小琴鸡。两个家伙大眼对小眼，琢磨着对方的心思。

突然，一声命令传来。

“前进。”

“怪物”接到了命令，**扑**向了小琴鸡，小琴鸡扇动着翅膀，逃向森林。

只听“砰”的一声，火光一闪，一缕硝烟从林中腾起。小琴鸡一个跟头栽倒在地上。

猎人走过来，捡起小琴鸡，又对着狗发话了：

“拉达，干得好，再找找。”

出其不意　径直　蜷缩　对峙

太阳一落山，晚霞火红火红的，就像一块铺开的大幕。这时，野鸭成群地飞过天空，直直地向猎人飞来。

一年12个月的欢乐诗篇：9月—森林中的大事—城市新闻—森林中的战争—林中狩猎

# 一年12个月的欢乐诗篇：9月

9月份，我们的秋天开始了。

秋天也有一份自己的工作日程表，和春天正好相反，秋天是从空中开始的。头顶上方的树叶，一见阳光不足，就马上开始**打蔫萎败**，用不了多长时间就不见了碧绿的颜色，叶子在变黄、变红、变褐，一点点改变着颜色。

一大早醒来，你会看见白霜已经出现在了青草上面。我们可以在日记里记下正在发生的一切。秋天真的来到了！从今天开始，更确切地说，是从昨夜开始。要知道，头一批霜，总是出现在黎明以前。慢慢地，森林里富丽堂皇的夏装就会全部被换掉。枯叶愈来愈频繁地从树枝上飘落下来，落叶风很快就要吹来了。

天空中不见了雨燕。燕儿和我们在这儿度过了夏天。其他候鸟都**陆续**地在夜里悄悄地踏上了征程，成群结队地飞走了。天上一片空旷。

忽然，暖洋洋的天气又出现了，这是在纪念那火热的夏天吗？天气是那么晴朗、温暖、静谧！一根根长长的细蜘蛛丝，在寂静的空中发着银白色的光……欣欣向荣的新绿又闪现在田野里了。“好一个秋老虎！”村里人笑了，他们笑眯眯地看着生机勃勃的秋播作物，眼中满是**怜爱之情**。

在森林里，大家都在着手做过冬的准备工作。在春天来到以前，对未来生命的一切关怀，都停下了。它们都把自己裹得暖暖和和的，找地方踏踏实实地躲藏起来了。

唯一不甘心的是兔妈妈，它不相信，夏天就这么不见了。它又生下了一窝小兔子，这就是我们**可爱**的“落叶兔”！

不过，夏天确实结束了。细柄的实用蕈都长出来了。

候鸟说再见的月份到来了。

就跟在春天一样，《森林报》的记者从森林里给我们编辑部发来了一封又一封的电报：时时有新闻，天天有大事。

就像在候鸟返乡月时那样，鸟儿又开始了**大迁移**，只不过，这一回是从北方飞向南方。

就这样，秋天开始了。

sēn lín zhōng de dà shì
# 森林中的大事

jīng yíng tī tòu de zǎo shang
## 晶莹剔透的早上

yuè hào qiū lǎo hǔ hé píng shí yí yàng wǒ qǐ le gè dà zǎo màn bù
9月15号……秋老虎。和平时一样，我起了个大早，漫步
zài dà huā yuán li
在大花园里。

yǒu yì zhāng yín bái sè de zhī zhū wǎng guà zài liǎng kē xiǎo yún shān de shù gàn zhī jiān
有一张银白色的蜘蛛网挂在两棵小云杉的树干之间。
zài hán lù de hōng tuō xià jīng yíng tī tòu rě rén lián xī ràng rén bù rěn xīn qù dǎ
在寒露的烘托下，晶莹剔透，惹人怜惜，让人不忍心去打
rǎo tā ér zhōng jiān de zhī zhū jìng jìng de quán suō zài nà lǐ xiàng gè xiǎo pí qiú shì
扰它。而中间的蜘蛛静静地蜷缩在那里，像个小皮球似
de zhī zhū shì zài shuì jiào ma yǒu kě néng yīn wèi méi yǒu cāng ying zài fēi yì huò
的。蜘蛛是在睡觉吗？有可能，因为没有苍蝇在飞。抑或
tā bèi dòng de jiāng yìng le shì bu shì tā yǐ bèi dòng sǐ le wǒ rěn bu zhù yòng xiǎo zhǐ
它被冻得僵硬了？是不是它已被冻死了？我忍不住用小指
tou jiān hěn qīng de chù pèng le xiǎo zhī zhū yí xià
头尖很轻地触碰了小蜘蛛一下。

pā de yì shēng jiù xiàng yí gè bīng lěng de xiǎo shí kuài yí yàng xiǎo zhī zhū jìng
“啪”的一声，就像一个冰冷的小石块一样，小蜘蛛径
zhí diào luò zài dì shang
直掉落在地上。

lìng wǒ yì wài de shì luò dì hòu de xiǎo zhī zhū yí yuè ér qǐ kuài sù bēn
令我意外的是，落地后的小蜘蛛，一跃而起，快速奔
pǎo zhuǎn yǎn jiān yǐ xiāo shī zài cǎo cóng zhī zhōng bú jiàn le zōng yǐng
跑，转眼间已消失在草丛之中，不见了踪影。

原来它是在耍花招，哈哈！

最后一季的小野菊花还残留在道路两边，花瓣做成的白裙子无精打采地耷拉着，似乎在盼望着太阳公公的关照。

空气是那么清新、透澈，尽管微微有些凉意，但给人的感觉却是晶莹剔透的。周围是那么的华美、靓丽：**摇曳多姿**的树叶，银白色的被蜘蛛网以及露水覆盖的青草，那种夏天比较少见的深蓝色的小河流水。这样一个晶莹剔透的早上，让人感觉无比愉悦、欢畅。我观察到的最不好看的东西，是一棵带着一缕一缕**湿漉漉**的冠毛的蒲公英；还有一只头顶有点儿脱毛的无色灰蛾，可能是被小鸟啄过了，脑袋上裸露的部分肉皮和毛茸茸的身体形成了一种反差。回望不久前的夏日时光，蒲公英戴着数不清的降落伞，显得那么神气活现！而那个时候的灰蛾呢，浑身的毛蓬松着，脑袋光光的，没有一点儿破损，浑身散发着勃勃生机！

我感觉它们好可怜，于是把灰蛾轻轻地安放在蒲公英上面，再把蒲公英端在手上，以便让林子上面透过来的阳光能够**照耀**到它们。好好儿照一会儿，奇迹出现了，本来又凉又潮湿的快要死去的灰蛾和蒲公英，现在慢慢地恢复了**生机**，复活了：灰蛾的小翅膀渐渐有了生气，像是被

shén me dōng xi xūn guò shì de biàn de máo róng róng de pú gōng yīng de nà xiē huī huī de
什么东西熏过似的，变得毛绒绒的；蒲公英的那些灰灰的
xiǎo jiàng luò sǎn yě biàn de gān zào qǐ lái yòu bái yòu qīng yòu piāo fú qǐ lái le zhè liǎng
小降落伞也变得干燥起来，又白又轻，又飘浮起来了。这两
gè kě lián de xiǎo jiā huo zhōng yú yòu biàn de hǎo kàn le
个可怜的小家伙终于又变得好看了。

zài sēn lín de lìng yí gè jiǎo luò li yǒu yì zhī rāng rang zhe de qín jī wǒ dǎ
在森林的另一个角落里，有一只嚷嚷着的琴鸡。我打
suàn qiāo qiāo cóng guàn mù cóng hòu miàn rào dào tā shēn biān nòng qīng tā dào dǐ shì rú hé
算悄悄从灌木丛后面绕到它身边，弄清它到底是如何
dí gu zhe zì jǐ de xīn shì zài wǒ hái méi zǒu dào guàn mù cóng gēn qián de shí hou jiù
嘀咕着自己的心事。在我还没走到灌木丛跟前的时候，就
tīng jiàn yí zhèn pū lū lū de shēng xiǎng zhè zhī hēi hēi de qín jī fǎng fú shì cóng
听见一阵“噗噜噜”的声响，这只黑黑的琴鸡仿佛是从
wǒ de jiǎo gēn dǐ xia yì fēi ér qǐ ràng cù bù jí fáng de wǒ bù jīn yí zhèng hǎo jiā
我的脚跟底下一飞而起，让猝不及防的我不禁一怔。好家
huo nòng le bàn tiān tā jiù dūn wò zài wǒ de jiǎo páng biān wǒ hái yǐ wéi tā zài yuǎn yuǎn
伙，弄了半天它就蹲卧在我的脚旁边，我还以为它在远远
de jiǎo luò li ne jiù zài zhè shí yí zhèn lǎ ba shēng cóng yuǎn chù chuán lái wǒ zhī
的角落里呢！就在这时，一阵喇叭声从远处传来，我知
dào nà shì dà yàn de míng jiào shēng tā men pái chéng yí gè gè rén zì xíng zài gāo
道，那是大雁的鸣叫声。它们排成一个个“人”字形在高
kōng zhōng xiàng yuǎn fāng fēi qù
空中向远方飞去。

tā men yuè fēi yuè yuǎn zhí dào xiāo shī zài tiān biān
它们越飞越远，直到消失在天边……

## 城市新闻

### 都忘了采蘑菇的事儿了

9月份，我和同学们相约去树林里采蘑菇。在那里，4只灰色的榛鸡都被我吓跑了，只记得它们的脖子都是短短的。

紧接着，一条死去的蛇映入眼帘，它悬挂在树墩上，晒得干干的。树墩上有个小小的洞口，一声声嘶嘶的叫声从那里传来。可能是个蛇洞吧！想到这里，我就赶忙从那个可怕的地方跑开了。

然后，当我快走到沼泽地的时候，我见到了有生以来从没见过的动物——7只仙鹤。它们就像一群绵羊一样，从沼泽地上徐徐地升了起来。而在此之前，我只在学校的图书上见识过仙鹤。

我一直在树林里瞎逛，都忘了采蘑菇的事儿了，而同学

们每人都采了满满一篮子蘑菇。随时都有鸟儿**婉转啼鸣**，时有时无。就在我们回家的时候，一只小兔子从路上一跑而过，它的脖子和后脚是白色的，但其他地方都是灰色的。我们避开了那个有蛇洞的树墩。我们还见到了一群大雁，它们大声地叫唤着，飞过了我们的村子。

sēn lín zhōng de zhàn zhēng
# 森林中的战争

我们做记者的，总算找了个地方，就在那儿，林中的种族之间发生战争的情况看起来已经成为历史了。

大量的云杉，都在与白桦、山杨的殊死拼杀中被消灭了。但意外的是，云杉种族最终获得了此次战争的**胜利**。它们的敌人都很老了，云杉的寿命比起白桦和山杨，算是长的了。已见衰亡迹象的白桦和山杨，现在是不能再像往常一样迅速生长了，也就是说它们的生长速度已经不能和此时的云杉**相提并论**了。再看云杉的高度早已远远超过了它们，更何况云杉在它们的头上已经张开了非常吓人的毛绒绒的大爪子，所以那些很喜好阳光的阔叶树已经开始**枯萎**了。

云杉迅速生长着，没有停下来的时候，只见它们下面的树荫越来越浓、越来越宽大了，就连地下室里也愈来愈深、愈来愈黑暗了。令人害怕的苔癣、地衣、小蛀虫还有木蛀蛾都在那儿无可奈何地等待着，等待着它们的就是慢慢地死去。

很快，冬天来了，每年的这个时候，林中的所有种族都会暂时停止它们无休止的战争。树木都睡熟了，它们甚至比睡在洞里的狗熊们都睡得熟、睡得沉。看看它们那副睡态，不知道的还以为它们死了呢。在睡眠中，它们身体里的液体也不再流动了，它们也不会再去吸收什么养分，也就是说不再生长了。它们此时能做的，就是懒懒地、慢慢地喘息着。

lín zhōng shòu liè
# 林中狩猎

dà yàn de hào qí xīn
## 大雁的好奇心

měi gè liè rén dōu zhī dào dà yàn de hào qí xīn hěn qiáng dāng rán liè rén men yě
每个猎人都知道，大雁的**好奇心**很强。当然，猎人们也
zhī dào dà yàn de jǐng tì xìng hé jǐn shèn jìnr bǐ qí tā niǎor yào qiáng de duō
知道，大雁的警惕性和谨慎劲儿比其他鸟儿要强得多。

yǒu yì qún dà yàn jù jí zài lí hé àn mǐ de qiǎn shā tān shang nà shì gè
有一群大雁，聚集在离河岸1000米的浅沙滩上。那是个
ān quán de dì fang tā men kě yǐ zài nà lǐ ān ān wěn wěn de shuì dà jiào yīn wèi nà
安全的地方，它们可以在那里安安稳稳地睡大觉。因为那
gè wèi zhì zǒu lù guò bu qù pá xíng yě guò bu qù chē gèng kāi bu guò qù zhè
个位置，走路过不去，爬行也过不去，车更开不过去。这
yàng dà yàn shuì jiào shí kě yǐ fàng xīn de suō qǐ yì zhī zhuǎ zi bǎ tóu cáng zài chì bǎng
样，大雁睡觉时可以放心地缩起一只爪子，把头藏在翅膀
xià miàn
下面。

zài yàn qún de měi yí miàn fēn bié zhàn zhe yì zhī lǎo yàn tā men jiù shì suǒ wèi
在雁群的每一面，分别站着一只老雁，它们就是所谓
de shào bīng zhè shì dà yàn men néng gòu ān xīn shuì jiào de lìng yí dào píng zhàng zhè xiē shào
的哨兵！这是大雁们能够安心睡觉的另一道屏障。这些哨
bīng jīng shen dǒu sǒu jǐng jué de sì miàn zhāng wàng yì diǎnr yě bú huì dǎ kē shuì
兵，精神抖擞，警觉地四面张望，一点儿也不会打瞌睡。

yì tiáo xiǎo gǒu chū xiàn zài àn biān tā yào zuò shén me a fù zé jǐng jiè de lǎo yàn lì kè
一条小狗出现在岸边。它要做什么啊？负责警戒的老雁立刻
jǐng jué qǐ lái shēn cháng le bó zi xiàng àn biān zhāng wàng
**警觉**起来，伸长了脖子向岸边张望。

奇怪的是，小狗一点儿也不往大雁这边瞅，只是在岸上跑来跑去，很像是在沙滩上捡什么东西。小狗跑到这边，又跑到那边，来回反复着。

老雁没有发现值得怀疑的地方，就是觉得这条狗有点儿古怪，一会儿前，一会儿后，它在倒腾什么呢？不行，要靠近点，才能看清楚……

一只大雁哨兵，为了弄清岸上的小狗到底在干啥，毅然决定去一探究竟。只见它**摇摇晃晃**地跳到水里，游向岸边。又有几只大雁睁开了睡眼，它们也注意到了岸边的小狗。

越来越近了，大雁可以**清楚**地看到，小狗跑来跑去，是在捡沙滩上的面包团儿。面包团儿是从一块大石头后面飞出来的。这些面包团儿，一会儿飞向这边，一会儿又飞向那边。

面包团儿到底是怎么飞出来的呢？

几只大雁陆续走上了沙滩，它们伸着脖子，想看个究竟……就在这时，一个猎人突然从石头后面跳了出来，连打几枪，“砰！砰”，几颗好奇的脑袋被打中了，紧跟着身体倒下了。

## 喇叭声声

驼鹿战斗的号角声，每天晚上的这个时候，都会从森林里传出来。

“谁有本事，就出来和我较量较量吧！”

从一个长满青苔的洞穴里，走出来一只老驼鹿。它有着**宽阔**的犄角，带着十三个分叉，身长大约有两米，体重达四百多千克。

是谁这么大胆，敢于向这位林中的无敌大力士挑战？

赶着过去应战的老驼鹿显得气势汹汹，它那**又笨又重**的蹄子在湿漉漉的青苔上留下了深深的脚印，挡路的小树都被它踩断了。

战斗的号角声又一次从对手那儿传过来。

可怕的怒吼声是老驼鹿对它的回应。琴鸡听到了这吼声，吓得从白桦树上惊慌失措地逃走了；胆小的兔子听到这吼声，吓得从地上一跳老高，拼命冲到密林深处去了。

“看谁还敢……”

老驼鹿**怒目圆睁**，布满血丝，也没分辨道路，就循着声音传出的方向冲了过去。前面是一片空地，树木之间的间隔很大。弄了半天，原来就是在这里啊！

老驼鹿飞一般地从树后向前冲过去，打算用犄角一下子就把敌人撞死，或者用笨重的身体压死敌人，用锋利的蹄子踩烂敌人。

当老驼鹿看清树后那个人手里拿着枪的时候，枪声已经响了。它还注意到了，有个大喇叭别在那个猎人的腰上。

老驼鹿抬脚就朝着森林深处逃去，歪歪扭扭，十分虚弱，伤口还在不停地流着血。

气势汹汹　摇摇晃晃　怒目圆睁　惊慌失措

一只大雁哨兵，为了弄清岸上的小狗到底在干啥，毅然决定去一探究竟。只见它摇摇晃晃地跳到水里，游向岸边。

老驼鹿怒目圆睁，布满血丝，也没分辨道路，就循着声音传出的方向冲了过去。

# 冬粮储备月

（秋二月）

一年12个月的欢乐诗篇：10月—森林中的大事—农庄里的新闻—林中狩猎

# 一年12个月的欢乐诗篇：10月

10月：落叶，泥泞，冬伏。

森林里最后几片枯树叶也被“落叶风”扯下来了。一只乌鸦孤孤单单、浑身湿漉漉地蹲在篱笆上面，在这持续多天的阴雨天中，显得那么落寞。是的，它很快也要踏上征途了，这一点我们很清楚。有些灰乌鸦，悄无声息地已经往南方飞去了，它们在我们这儿度过了整个夏天；而另一些灰乌鸦，则悄悄地飞来我们这边，它们是生在更北边的。弄了半天，灰乌鸦也属于候鸟，在遥远的北方，灰乌鸦也是最后才飞离的鸟儿。在北方，它们就像我们这儿的白嘴鸦一样。

给森林脱去夏装，只是秋完成的第一件事。现在，把水弄得越来越冷，是它着手开始做的第二件事情。在森林里的每个早晨，一层**松脆**的薄冰都会准时覆盖到草地上面。正如天空中的生命越来越少一样，水里的生命也不多了。现在看不见那些曾经在夏天水面上盛开的花儿了，它们亭亭的花茎已经缩回到水下面了，它们的种子早已沉入了水底。水下面的深坑里，慢慢地要比水面暖和了，到了冬天，不管多冷，也不会结冰，鱼儿就是去那里了。在池塘里生活了整整一个夏天以后，软尾巴的蝾螈，现在也从水里跳了出来，来到陆地，去树根下面有青苔**覆盖**的地方过冬去了，而冰冻已经把池塘里的水面封起来了。

老鼠、蜈蚣、蜘蛛什么的，现在都已不见了踪影。陆地上的冷血动物，现在都已经被冻僵了。钻到烂泥里的蛤蟆，开始冬眠了；而被脱落树皮覆盖着的树根处，则是蜥蜴冬眠的好地方；在干燥的坑里，有把自己盘成一团的蛇，它们很快就被冻僵了。有的野兽，已经穿上了更加保暖的皮大衣；有的野兽，已经在自己洞里的小仓库堆满了粮食；还有的野兽，正在为寻找温暖的巢穴而努力着。冬天就要来到了，所有的动物们都在积极准备迎接**接踵而至**的寒冷天气……

播种天、落叶天、毁坏天、泥泞天、怒号天、倾盆天，再加上扫叶天，一共7种，就构成了秋天的天气。

sēn lín zhōng de dà shì
# 森林中的大事

dòng wù men zài zhǔn bèi guò dōng
## 动物们在准备过冬

suī rán xiàn zài hái bú shì tè bié hán lěng dàn yě bù néng diào yǐ qīng xīn a yīn wèi
虽然现在还不是特别寒冷，但也不能掉以轻心啊。因为
yí dàn yán hán lái dào dà dì hé shuǐ shùn jiān jiù huì bèi bīng fēng qǐ lái
一旦严寒来到，大地和水瞬间就会被冰封起来。

àn zhào zì jǐ de fāng shì zhǔn bèi guò dōng shì sēn lín li měi yì zhī dòng wù xiàn zài de
按照自己的方式准备过冬，是森林里每一只动物现在的
yào wù
要务。

zhǎn kāi chì bǎng fēi zǒu de dōu shì rěn shòu bu liǎo jī è hé hán lěng de liú xià
展开翅膀飞走的，都是**忍受**不了饥饿和寒冷的；留下
lái bù zǒu de dōu zài cōng cōng máng máng zhǔn bèi guò dōng de shí wù wǎng zì jǐ de cāng kù
来不走的，都在匆匆忙忙准备过冬的食物，往自己的仓库
li bān yùn dōng xi
里搬运东西。

duǎn wěi yě shǔ shì shí xià gàn huó zuì mài lì de tā men měi tiān yè lǐ dōu wǎng
短尾野鼠是时下干活最卖力的。它们每天夜里都往
dòng li tōu yùn shí wù tā men de dòng jiù zài liáng shi duò de xià miàn huò zhě hé cǎo duò
洞里偷运食物，它们的洞就在粮食垛的下面或者禾草垛
lǐ miàn
里面。

měi yí gè shǔ dòng dōu yǒu wǔ liù gè xiǎo guò dào hù xiāng lián jiē zhe měi yí gè guò
每一个鼠洞，都有五六个小过道互相连接着，每一个过
dào dōu tōng xiàng yí gè dòng kǒu tōng cháng zài dì dǐ xia hái yǒu jǐ gè xiǎo cāng kù hé yí gè
道都通向一个洞口。通常在地底下还有几个小仓库和一个

卧室。

这个时候，野鼠都会储存大量的粮食，以备睡觉之前食用，因为它们等到天气最寒冷的时候才开始冬眠。在有些野鼠洞里，收集的精选谷粒甚至达到四五千克重。

我们需要**提防**这些损坏庄稼的啮齿动物，因为它们专门在田地里偷粮食。

## 受惊的鲫鱼和青蛙

冰层覆盖了池塘以及池塘里的所有居民。有一天，人们打算清理一下池塘底部，于是打开了冰层，从池底挖出了大堆大堆的淤泥。他们干完活就离开了。

阳光照耀着大地、**烘烤**着大地，水蒸气从泥堆里慢慢地散发出来。忽然间，一团淤泥不停地蠕动，从泥堆里跳

le chū lái rán hòu jiù zài dì shang fān gǔn zhe fā shēng shén me shì le ma
了出来，然后就在地上翻滚着。发生什么事了吗？

zhǐ jiàn yí gè xiǎo ní tuán lù chū le yì tiáo xiǎo wěi ba zài dì shang pū teng zhe
只见一个小泥团露出了一条小尾巴，在地上扑腾着、
pū teng zhe suí zhe pū tōng yì shēng xiǎng tā tiào dào shuǐ li tiào huí chí táng qù
扑腾着，随着“扑通”一声响，它跳到水里，跳回池塘去
le dì èr gè xiǎo ní tuán dì sān gè xiǎo ní tuán yí gè gēn zhe yí gè tiào le
了。第二个小泥团、第三个小泥团……一个跟着一个，跳了
xià qù
下去。

qí guài de shì yǒu lìng wài yì xiē xiǎo ní tuán què shēn chū xiǎo tuǐ cóng chí táng biān
奇怪的是，有另外一些小泥团却伸出小腿，从池塘边
wǎng yuǎn chù tiào qù
往远处跳去。

hā hā yuán lái zhè bú shì xiǎo ní tuán ér shì yì xiē hún shēn bāo zhe làn ní de qīng
哈哈，原来这不是小泥团，而是一些浑身包着烂泥的青
wā hé jì yú
蛙和鲫鱼。

běn lái tā men shì zài chí táng dǐ bù yū ní li guò dōng de rén men bǎ tā men
本来，它们是在池塘底部淤泥里过冬的。人们把它们

和烂泥一起挖了出来，烂泥堆被阳光晒热以后，青蛙和鲫鱼都**苏醒**过来了。它们一苏醒过来，就可以蹦跳了。鲫鱼一个个跳回水里去了；但青蛙却不那样做，它们要去寻找更合适的地方，以免睡得正香甜的时候，再被人给挖掘出来。

你看，几十只青蛙就像早已有过商量一样，朝着同一个方向前进着。那边也是个池塘，就在打谷场和大路的对面，看起来比刚才那个更大一些，水更深一些。转眼间，青蛙们已来到了大路上面。

可惜的是，在这样的秋天里，阳光的温暖是没有保障的。

太阳被乌云遮住了，在阴凉下、在寒冷北风的呼啸声中，离开了暖和淤泥的青蛙们冷得要命。它们又蹦跳了几下，就一动不动了。它们全身都冻僵了，血液**凝固**了，很快就冻死了。

青蛙再也跳不起来了。

所有跳到这里的青蛙都冻死了。

所有的青蛙，头都朝着同一个方向，也就是大路对过儿的那个大池塘。那个大池塘里面，有救命的**暖和**的淤泥。

# 农庄里的新闻

养鸡场昨天晚上亮起电灯了。现在白天变得短了，为了让鸡能够在夜里也散散步、多吃点儿东西，人们决定每晚用灯光照亮鸡场。

鸡兴奋起来了，电灯亮起来的时候，它们立刻扑在炉灰中**沐浴**。特别是一只最淘气的、总是寻衅滋事的大公鸡，

歪着脑袋用右眼看着电灯泡唠叨：

“咯！咯！哦，你有本事再挂得低一点、再低一点、我定要啄你一下！”干草末，又好吃又有营养，不管对于哪种饲料，都是最理想的调味料。人们都是用高级的干草来制作这种草末的。

老母鸡，老母鸡，如果你们都想“咯咯哒！咯咯哒”地不断下鸡蛋的话，那就给你们点儿干草末吧！小猪崽，小猪崽，如果你们想快快长成大猪的话，那就给你们点儿干草末吧！

## 入冬以前的播种

胡萝卜、葱、莴苣和香芹菜的种子正被蔬菜工作队往垄上种。

队长的孙女看着种子被撒在冰冷的土里面，撅起了小嘴，小眉头也紧皱起来。她很认真地说，她听见了种子在大声抱怨着：

“天这么冷，你们还把我们抛在这里，我们决不发芽！你们想发芽，你们自己发去吧！”

呵呵，蔬菜工作队的队员们本来就没打算让它们在秋天发芽。秋天不能发芽这一点，他们是很清楚的。

但是，春天的时候，这些种子很早就会发芽，很早就会**成熟**。能够早一点儿吃到胡萝卜、葱、莴苣和香芹菜，那是多么令人高兴的事啊！

尼·巴甫洛娃

沐浴　寻衅滋事　成熟

鸡兴奋起来了，电灯亮起来的时候，它们立刻扑在炉灰中沐浴。

队长的孙女看着种子被撒在冰冷的土里面，撅起了小嘴，小眉头也紧皱起来。

lín zhōng shòu liè
# 林中狩猎

dài zhe liè gǒu xíng jìn zài xiǎo lù shang
## 带着猎狗行进在小路上

qiū tiān de zǎo shang kōng qì qīng xīn tián yě li zǒu lái le yí gè káng zhe qiāng de
秋天的早上，空气清新。田野里走来了一个扛着枪的
liè rén tā shǒu li wò zhe yì tiáo duǎn pí dài pí dài de lìng yì tóu shuān zhe liǎng zhī liè
猎人，他手里握着一条短皮带，皮带的另一头拴着两只猎
gǒu zhè liǎng zhī liè gǒu bìng xíng zhe kào zài yí kuàir zhǎng de yòu féi yòu zhuàng shi kuān
狗。这两只猎狗并行着靠在一块儿，长得**又肥又壮实**，宽
kuān de xiōng pú zōng huáng sè bān diǎn chān zá zài hēi sè de máo li
宽的胸脯，棕黄色斑点掺杂在黑色的毛里。

zǒu dào xiǎo shù lín biān kāi shǐ xún zhǎo liè wù le liè rén jiě xià liè gǒu bó zi
走到小树林边，开始寻找猎物了，猎人解下猎狗脖子
shang de pí dài bǎ tā liǎ fàng le chū qù liǎng zhī liè gǒu dōu bèn zhe guàn mù cóng pǎo
上的皮带，把它俩放了出去。两只猎狗都奔着灌木丛跑
qù le
去了。

liè rén niè shǒu niè jiǎo de tiē zhe shù lín biān zǒu xiǎo xīn yì yì de xún zhǎo zhe kě
猎人**蹑手蹑脚**地贴着树林边走，小心翼翼地寻找着可
yǐ luò jiǎo de dìr
以落脚的地儿。

tā zǒu dào guàn mù cóng duì guò de yí gè shù dūn hòu miàn nàr yǒu yì tiáo bù qǐ yǎn de xiǎo
他走到灌木丛对过的一个树墩后面，那儿有一条不起眼的小
lù cóng lín zhōng yì zhí yán shēn dào xià miàn de xiǎo shān gǔ
路，从林中一直延伸到下面的小山谷。

liè gǒu fā xiàn yǒu liè wù jì xiàng de shí hou liè rén hái méi lái de jí zhàn wěn
猎狗发现有猎物迹象的时候，猎人还没来得及站稳

脚跟。

老猎狗多贝华依第一个叫唤起来，它的叫声听起来低沉而喑哑。跟在它后面的年轻的札利华依也“汪汪”地叫唤着。

猎人从狗的叫声里可以听明白：它们正在撵兔子，兔子早就被吵醒了。黑乎乎的小路，因为下雨已变得泥泞不堪。就在这块秋天的烂泥地上，两只猎狗一边用鼻子嗅着兔子留下的痕迹，一边追赶着。

兔子来来回回地兜着圈子，猎狗们也离猎人一会儿近些，一会儿远些。

棕红色的什么东西在山谷里忽隐忽现？那不就是兔子吗？哎呀，慢了半拍！

转眼间，一个机会从猎人手里溜走了……

看那两只猎狗：多贝华依跑在前面，札利华依伸着舌头紧跟在后面，它们一步也不放松地追着兔子，飞跑在山谷当中。

不要紧的，最后还会回到树林里来的。多贝华依可是一只技术熟练的猎狗啊，只要它一发现野兽的踪迹，就一定不会放弃，也绝不会把猎物追丢了！

多贝华依又追了过去，不停地在绕着圈子跑，最后终于又跑回树林里来了。

猎人心里想着：“不管怎样，兔子最后还是要跑到这条小路上来的。我这次可绝对不能再错失良机了！”

过了一会儿，没有一点儿动静……接着……咦？到底怎么回事儿啊？

狗的叫声是从两个不同的方向传过来的，不应该啊！

就在这时，多贝华依停止叫唤了。

只剩下札利华依的叫唤声了。

接下来又是寂静……

忽然，多贝华依又带头叫唤起来了，只是这次的叫声有点儿不一样，要比刚才的激烈得多，并且有点发哑。札利华依尖着嗓子，上气不接下气地也跟着叫了起来。

shì de tā men yīng gāi fā xiàn le bié de yě shòu
是的，它们应该发现了别的野兽！

huì shì shén me yě shòu ne fǎn zhèng kěn dìng bú shì tù zi
会是什么野兽呢？反正肯定不是兔子。

ò duì le shì hóng sè de
哦，对了，是红色的……

yì bān de zǐ dàn kěn dìng bù xíng liè rén mǎ shàng gěi liè qiāng huàn dàn bǎ zuì dà hào de xiàn dàn zhuāng le jìn qù
一般的子弹肯定不行，猎人马上给猎枪换弹，把最大号的霰弹装了进去。

yì zhī tù zi cóng xiǎo lù cuàn guò yì zhí pǎo dào tián yě li qù le
一只兔子从小路窜过，一直跑到田野里去了。

liè rén méi yǒu kāi qiāng zhǐ shì mù sòng tā yuǎn qù
猎人没有开枪，只是目送它远去。

sī yǎ de fèn nù de gǒu jiào shēng yù lái yù jìn le měng rán jiān jiù zài gāng cái tù zi cuān chū lái de nà ge dì fang liǎng gè guàn mù cóng de zhōng jiān yí gè bái sè de xiōng pú huǒ hóng de jǐ bèi chū xiàn le jìng zhí xiàng liè rén zhè biān chōng le guò lái
嘶哑的、愤怒的狗叫声**愈来愈近**了……猛然间，就在刚才兔子蹿出来的那个地方，两个灌木丛的中间，一个白色的胸脯、火红的脊背出现了……径直向猎人这边冲了过来。

liè rén jǔ qǐ le qiāng
猎人举起了枪。

hěn xiǎn rán nà ge yě shòu fā jué le tā xùn sù de wǎng zuǒ bian shǎn yòu wǎng yòu bian shǎn
很显然，那个野兽发觉了，它迅速地往左边闪，又往右边闪……

hěn kě xī chí le
很可惜，迟了！

suí zhe pēng de yì shēng qiāng xiǎng zǐ dàn bǎ yì zhī hú li dǐng xiàng le kōng zhōng jǐn jiē zhe hú li pū tōng yì shēng shuāi zài dì shang sǐ le
随着“砰”的一声枪响，子弹把一只狐狸顶向了空中。紧接着，狐狸“扑通”一声摔在地上，死了。

liǎng zhī liè gǒu cóng shù lín li pǎo chū lái pū xiàng le dì shang de hú li tā men yòng yá chǐ bù tíng de yǎo zhe huǒ hóng sè pí máo wǎng xià sī chě yǎn kàn zhe jiù yào sī kāi le
两只猎狗从树林里跑出来，扑向了地上的狐狸。它们用牙齿不停地咬着火红色皮毛，往下撕扯，眼看着就要撕开了！

kuài fàng xià liè rén dà shēng de zǔ zhǐ le tā men gǎn máng pǎo le guò lái kuài sù cóng liè gǒu zuǐ li qǔ xià le xīn xiān de liè wù
“快放下！”猎人大声地阻止了它们，赶忙跑了过来，快速从猎狗嘴里取下了**新鲜**的猎物。

一年12个月的欢乐诗篇：11月—森林中的大事—城市新闻—林中狩猎

# 一年12个月的欢乐诗篇：11月

11月，一半秋来一半冬。9月是他的爷爷，10月就是他的爸爸，而12月正是他的亲弟弟。11月在大地上插满了钉子；12月在大地上架上了桥梁。11月骑着有斑纹的马出巡，地上**泥泞不堪**，边边角角还有白雪。11月这铁工厂虽然不大，但铸造出来的枷锁却锁住了整个苏联：冰冻已经把湖沼和池塘封起来了。

秋天开始做的三件事：脱下森林未脱尽的那点儿衣服，给水戴上枷锁，又给大地披上白色的盛装。

森林里显得死气沉沉，让人觉得不舒服：树木黑沉沉、光秃秃的，淋过雨后，从头到脚都湿湿的，被风

吹过的时候，“咔嚓”一声响，断裂开来，冰冷的雨水被震落下来。所有的翻耕田，被雪覆盖了以后，植物都不再继续生长了。

不过，现在还不是真正的冬天，这只是冬天的前奏曲，一连几个阴天以后，偶尔也会出一天太阳。万物生灵见到太阳时，是多么的高兴啊！

看吧，这里从树根下钻出一批黑色的蚊虫，飞上了天空；那里脚下开出了一朵朵金黄色的蒲公英、款冬花，它们还都是春天的花儿啊！真让人欣喜！雪融化了……但是树木已经熟睡了，它们会乖乖地悄无声息地一觉睡到明年春天。

现在，伐木的季节来到了。

# sēn lín zhōng de dà shì
# 森林中的大事

## sōng shǔ hé diāo
## 松鼠和貂

wǒ men zhèr de sēn lín li jīn nián chū xiàn le hěn duō sōng shǔ
我们这儿的森林里，今年出现了很多松鼠。

tā men yuán běn shì zài běi fāng shēng huó de dàn jīn nián nà lǐ yù dào le zāi huāng lián qiú guǒ dōu bú shì hěn duō bú gòu tā men chī le
它们原本是在北方生活的，但今年那里遇到了灾荒，连球果都不是很多，不够它们吃了。

zài sōng shù shang fēn zuò zhe bù shǎo sōng shǔ zhǐ jiàn tā men yòng qián zhǎo pěng zhe qiú guǒ kěn zhe ér yòng hòu zhǎo jǐn zhuā zhe shù zhī
在松树上，分坐着不少松鼠，只见它们用前爪捧着球果啃着，而用后爪紧抓着树枝。

yí bù xiǎo xīn sōng shǔ méi pěng zhù qiú guǒ qiú guǒ diào luò dào xuě dì shang le duō me kě xī a sōng shǔ qì hū hū de jiào huan zhe cóng zhè gēn shù zhī tiào dào nà gēn shù zhī shang zài bèng dào dì shang qù jiǎn
一不小心，松鼠没捧住球果，球果掉落到雪地上了。多么可惜啊，松鼠气呼呼地叫唤着，从这根树枝跳到那根树枝上，再蹦到地上去捡。

tā zài dì miàn shang yòu bèng yòu cuān bù tíng de tiào yuè zhe sōu xún zhe nà ge diào luò de qiú guǒ
它在地面上**又蹦又蹿**，不停地跳跃着，搜寻着那个掉落的球果。

tū rán zài yí gè kū shù zhī duī li sōng shǔ fā xiàn le liǎng zhī ruì lì de xiǎo yǎn jing hé yì tuán hēi hū hū de máo pí sōng shǔ gù bu de jiǎn qiú guǒ de shì le tā gǎn
突然，在一个枯树枝堆里，松鼠发现了两只锐利的小眼睛和一团**黑乎乎**的毛皮！松鼠顾不得捡球果的事了，它赶

máng wǎng gēn qián de nà kē shù shang tiào qù wǎng shù shāo pǎo qù yì zhī diāo cóng kū shù zhī
忙往跟前的那棵树上跳去，往树梢跑去。一只貂从枯树枝
duī li tiào le chū lái gēn zài sōng shǔ hòu miàn zhuī shàng lái le tā yě wǎng shù shang pá
堆里跳了出来，跟在松鼠后面追上来了，它也往树上爬
qù zhuǎn yǎn jiān sōng shǔ yǐ jīng cuān dào shù zhī de mò shāo shang le diāo yě kuài sù de
去。转眼间，松鼠已经蹿到树枝的末梢上了，貂也快速地
shùn zhe shù zhī pá le guò qù sōng shǔ gǎn máng tiào le qǐ lái tiào dào páng biān lìng yì kē
顺着树枝爬了过去，松鼠赶忙跳了起来，跳到旁边另一棵
shù shang qù le
树上去了。

diāo nǎ kěn bà xiū zhǐ jiàn tā bǎ shé yì bān zhǎi xì de shēn tǐ suō chéng yì tuán
貂哪肯罢休，只见它把蛇一般窄细的身体缩成一团，
jǐ bèi wān chéng hú xíng yě zòng shēn tiào le guò qù
脊背弯成弧形，也纵身跳了过去。

shù shang sōng shǔ zài qián miàn fēi pǎo diāo zài hòu miàn jǐn zhuī yì cháng zhuī zhú zhàn
树上，松鼠在前面飞跑，貂在后面紧追，一场追逐战
zhèng jǐn zhāng de jìn xíng zhe sōng shǔ shēn tǐ hěn líng huó dàn diāo yě bú chà shèn zhì xiǎn
正紧张地进行着。松鼠身体很灵活，但貂也不差，甚至显

得比松鼠还要灵活。

树顶到了，松鼠没法继续往上跑了，旁边也没有别的树了。

眼看貂就要追上它了……

情急之下，松鼠只好改变方向，从这根树枝跳到那根树枝，往低处跑去。貂还在后面紧追不舍。

松鼠不停地在树枝的梢头跳跃，貂则在粗一点儿的树干上紧追。跳啊跳啊，跳啊跳啊，松鼠来到最后一根树枝上了。

前面是地，后面是貂。

此时没有别的办法，只能下树了，松鼠纵身一跳跳到地上，赶忙往旁边最近的一棵树上跑去。

可惜的是，在地面上，松鼠根本不是貂的对手。不管松鼠怎么拼命地跑，速度也没有貂快，转眼间，貂就追上了松鼠。松鼠的末日到了……

# 城市新闻

## 小侦察员

城市里的果木园和坟场里面的灌木和乔木，没人保护是不行的。但是它们的敌人又小又狡猾，而且很难看到，人类对它们束手无策。所以，园丁们不得不找来一批专业的侦察员。

要见识这支特殊的侦察员队伍，你可以到本市的果园和坟场里来。

队伍的首领是五彩啄木鸟，这种啄木鸟“帽子”上的红帽圈像一根长枪。它**迅速**地把嘴啄进树皮里，发出有节奏的口令：“快克！快克！”声音响亮动人。

**紧跟其后**的是色彩斑斓、各具特色的山雀队伍。只见凤头山雀戴着尖顶高帽，胖山雀的厚帽子上好像插了根短钉，还有浅黑色的莫斯科山雀。而旋木雀则穿着浅褐色的外套，嘴像锥子一样；“蓝大胆”有着像短剑一样**尖利**的嘴巴，胸脯白白的，穿着天蓝色制服。

“快克！”啄木鸟发出了口令。“蓝大胆”紧跟着重复一遍命令：“特误急！”而山雀们齐声回答：“脆克！脆克！脆克！”紧接着整个队伍就行动起来了。

侦察员们迅速分好了工。啄木鸟负责啄树皮，用它那又尖又硬的像针一样的舌头，从树皮里把蛀虫钩出来。“蓝大胆”围着树干转来转去认真巡视着，头朝下，一旦发现哪个树皮缝隙里有昆虫或幼虫，它那柄锋利的“小短剑”就迅速地刺进去。旋木雀在下面的树干上奔忙着，不时地用它那弯弯的小锥子戳着树干。**成群结队**的青山雀在树枝上兴高采烈地兜圈子，它们观察着每一个小洞和每一条小缝隙，它们尖锐的眼睛和灵巧的小嘴不会放过任何一只小害虫。

lín zhōng shòu liè
# 林中狩猎

qiū tiān shì shōu huò de jì jié shì chǔ cáng de jì jié yě shì kě yǐ kāi shǐ dǎ xiǎo máo pí shòu de jì jié
秋天，是收获的季节，是储藏的季节，也是可以开始打小毛皮兽的季节。

kuài dào yuè le tā men de máo yǐ jīng zhǎng de chà bu duō le tā men báo báo de xià zhuāng zǎo yǐ huàn chéng le nuǎn huo de máo dà yī
快到11月了，它们的毛已经长得差不多了，它们薄薄的夏装早已换成了**暖和**的毛大衣。

bǔ liè huī shǔ
## 捕猎灰鼠

huī shǔ zuò wéi yì zhǒng xiǎo yě shòu wǒ men bù néng shuō tā hěn dà
灰鼠，作为一种小野兽，我们不能说它很大。

dàn shì zài wǒ men de shòu liè shēng yá zhōng liè huī shǔ què bǐ liè bǔ qí tā rèn hé yě shòu dōu gèng zhòng yào huī shǔ de huá lì wěi ba kě shì wǒ men zhì zuò yī lǐng mào zi ěr tào hé qí tā fáng hán yòng pǐn de shàng hǎo cái liào
但是，在我们的狩猎生涯中，猎灰鼠却比猎捕其他任何野兽都更重要。灰鼠的华丽尾巴，可是我们制作衣领、帽子、耳套和其他防寒用品的上好材料。

huī shǔ de máo pí zài qù diào le wěi ba bù fen yǐ hòu kě yǐ yòng lái zhì zuò pī jiān hé dà yī yòng tā zuò chéng de piào liang de dàn lán sè nǚ shì dà yī chuān qǐ lái yòu nuǎn huo yòu qīng biàn nà kě shì piào liang nǚ shì dōng tiān de zuì ài
灰鼠的毛皮，在去掉了尾巴部分以后，可以用来制作披肩和大衣。用它做成的漂亮的淡蓝色女式大衣，穿起来**又暖和又轻便**，那可是漂亮女士冬天的最爱。

刚刚下雪，猎人们就已经走进白茫茫的森林，开始捕猎灰鼠了。

从十几岁的少年到须发花白的老头儿，都出发了，都到那灰鼠最多、最容易打的地方去了。

猎人们有的喜欢单独行动，有的则喜欢几个人搭伴。他们在森林里一般要住好几个星期。每天从早忙到晚，踩着又短又宽的滑雪板，在茫茫雪地上来回奔波，安置并检查陷阱、捕机，或用枪射击灰鼠……

晚上，他们住在土窖里，或者住在很矮的小屋子里，人站在里面是要弯着腰的。他们一般用一种跟壁炉差不多的炉子做饭。一切都简单而实用。

北极犬是猎人们最好的伙伴，没有它，猎人们就像没有眼睛一样，寸步难行。北极犬是我们北方的骄傲，它是一种很特别的猎狗。世界上没有其他任何一种猎狗，比它更适合在严寒的森林甚至是原始密林里打猎了。

北极犬可以很轻易地帮你找到水獭、鸡貂和白鼬的老窝，并咬死它们。

在夏天，北极犬可以帮你从密林里把琴鸡赶出来，从芦苇里把野鸭赶出来。值得一提的是，这种猎狗是不怕水的，即使是最冷的河水也不怕；就算是河里覆盖着一层薄冰，它也可以游过去，帮你把打死的野鸭叼回来。

在秋天和冬天里，猎人们打松鸡和黑琴鸡的时候，也是需要北极犬的帮助的。在那个时候，猎狗能做的不只是帮人们找到这两种野禽这么简单；它会蹲在树下，“汪汪”地对着它们叫唤，吸引它们的全部注意力，以便让猎人有机会下手捕猎。

射击灰鼠的方法就很简单了。北极犬的叫声会把灰鼠的全部注意力都吸引过去，猎人只要蹑手蹑脚地走过来，动作幅度尽量不要太大，用心地瞄准射击就可以了。

要准确地打中灰鼠也并不是很容易。但为了不损害灰鼠皮，猎人们还是尽量去瞄准它的脑袋射击。

在冬天里，受了伤的灰鼠不会马上死掉，所以，猎人必须要瞄准了再打。不然，一枪不中，灰鼠就会躲进浓密

de zhēn yè cóng lǐ miàn hěn nán zài zhǎo dào tā
的针叶丛里面，很难再找到它。

zhuō huī shǔ hái kě yǐ shǐ yòng bǔ shǔ qì huò qí tā bǔ shòu qì liè rén yì bān shì zhè
捉灰鼠还可以使用捕鼠器或其他捕兽器。猎人一般是这
yàng ān zhuāng bǔ shǔ qì de zài liǎng kē shù gàn de zhōng jiān gù dìng shàng liǎng kuài duǎn duǎn de
样安装捕鼠器的：在两棵树干的中间固定上两块短短的
hòu mù bǎn shàng tou de bǎn kào xià tou de bǎn shang shù lì yì gēn xì bàng lái zhī chēng bú
厚木板；上头的板靠下头的板上竖立一根细棒来支撑，不
ràng tā luò xià lái bǎ gān yú huò zhě gān mó gu zuò chéng de xiāng pēn pēn de yòu ěr shuān zài
让它落下来；把干鱼或者干蘑菇做成的香喷喷的诱饵拴在
xì bàng shang dāng huī shǔ chī yòu ěr de shí hou jiù huì lā dòng xì bàng dǎo zhì shàng tou
细棒上。当灰鼠吃诱饵的时候，就会拉动细棒，导致上头
de mù bǎn zá xià lái xiǎo shòu jiù bèi jiā zhù le
的木板砸下来，小兽就被夹住了。

zhěng gè dōng tiān zhǐ yào dì miàn shang de jī xuě bú shì hěn hòu liè rén dōu shì kě
整个冬天，只要地面上的积雪不是很厚，猎人都是可
yǐ bǔ liè huī shǔ de
以捕猎灰鼠的。

huī shǔ huì zài chūn tiān tuō máo dǎ huī shǔ tú de jiù shì tā de máo pí suǒ yǐ
灰鼠会在春天脱毛。打灰鼠，图的就是它的毛皮，所以
zài shēn qiū zhī qián zài tā men chóng xīn chuān shàng dōng jì dàn lán sè de huá lì máo pí zhī
在深秋之前，在它们重新穿上冬季淡蓝色的华丽毛皮之
qián liè rén men shì bú huì qù bǔ liè tā men de
前，猎人们是不会去捕猎它们的。

一年12个月的欢乐诗篇：12月—森林中的大事—林中狩猎

# 一年12个月的欢乐诗篇：12月

12月——严寒。12月铺冰砖，12月钉银钉，12月大地沉睡，12月冰封一切。

12月是一年的结束，是冬天的开始。

把水凝结成晶莹的冰块的工作已经全部完成了：平时**汹涌澎湃**的河流此时被冰冻了起来，变得安静了许多。大地和森林全被雪被子包裹了起来。连太阳也悄悄躲到乌云后面去了。

白昼变得一天比一天短，黑夜变得一天比一天长。

厚厚的积雪下到底埋藏了多少尸体呀！一年生的草本植物按期完成了一生的使命，它们经历了开花、结果的过程，最后**枯萎**了，又重新回到了大地的怀抱——那里曾是它们的出生地。

无脊椎小动物们大都是一年生的动物，它们也按期走完了自己短暂的一生。

虽然都结束了生命，可植物留下了种子，动物则产下了卵。

到了固定的时间，太阳就会用自己温热的吻来唤醒它们的生命，如童话中的王子挽救死去的公主一般。它将再一次从泥土中创造出新的生物体。对于那些多年生的动植物，它们有足够的能力在**酷寒难耐**的漫长冬季里保护好自己的生命，一直到来年春暖花开的日子降临。现在，冬季还没完全发威，12月23日——太阳的生日——却已经悄悄临近了！

太阳就要重返世间，它回来的时候，一切生命都将复活。

希望虽然不再**遥远**，但还是先想办法把冬天熬过去吧！

森林通讯员　尼·巴甫洛娃

晶莹　汹涌澎湃　酷寒难耐　枯萎　温热

平时汹涌澎湃的河流此时被冰冻了起来，变得安静了许多。大地和森林全被雪被子包裹了起来。连太阳也悄悄躲到乌云后面去了。

sēn lín zhōng de dà shì
# 森林中的大事

wǒ men de sēn lín tōng xùn yuán fā xiàn le sēn lín zhōng de yí jiàn dà shì zhè jiàn dà
我们的森林通讯员发现了森林中的一件大事，这件大
shì dōu shì tā men gēn jù yín qì shòu jìng dé chū de yì xiē jié lùn
事都是他们根据银砌兽径得出的一些结论。

bù qiú shèn jiě de xiǎo hú li
## 不求甚解的小狐狸

xiǎo hú li zài yí piàn fēi cháng kōng kuàng de lín jiān kòng dì shang mì shí shí fā xiàn
小狐狸在一片非常空旷的林间空地上觅食时，发现
le yì háng lǎo shǔ liú xià de xiǎo jiǎo yìn
了一行老鼠留下的小脚印。

tài hǎo le hā hā tā nèi xīn àn zì gāo xìng zhè huí wǒ kě yào dǎi gè
“太好了，哈哈！”它内心暗自高兴，“这回我可要逮个
zhèng zháo měi měi de dà chī yí dùn la
正着，美美地大吃一顿啦！”

dàn shì xiǎo hú li tài cū xīn le kě néng shì chū yú jí qiè xiǎng měi cān yí dùn de
但是，小狐狸太粗心了。可能是出于急切想美餐一顿的
xīn lǐ tā bìng méi yǒu yòng tā běn lái hěn líng mǐn de bí zi qù zǐ xì de yuè dú
心理，它并没有用它本来很灵敏的鼻子去仔细地“阅读”
dì shang de zì dào dǐ shì shén me yì si yě méi yǒu zǐ xì kǎo lǜ nà xiē jiǎo yìn dào dǐ
地上的字到底是什么意思，也没有仔细考虑那些脚印到底
shì shéi liú xià de tā zhǐ shì lüè wēi kàn le yí xià jiù fēi cháng wǔ duàn de dé chū le
是谁留下的。它只是略微看了一下，就非常武断地得出了
dá àn à yuán lái jiǎo yìn yì zhí yán shēn dào guàn mù cóng ya
答案：啊，原来脚印一直延伸到灌木丛呀！

于是它**按捺不住**内心的狂喜，开始轻轻地往那片灌木丛挪动身子了。

那边的雪地里果然有个小东西在微微**蠕动**，它身披一件灰乎乎的皮毛大衣，小尾巴还一晃一晃的，丝毫没发现危险的降临。小狐狸欣喜若狂地猛扑上去，把这个小家伙紧紧按在身下，张开嘴猛地咬了一口。“嘎嘣”一声之后，传来小狐狸痛苦的声音：“啊，呸！呸！呸！臭死了，臭死了！这是什么鬼东西呀！”这一口咬下去，小狐狸就感觉出这里面的问题了，于是，它赶紧把嘴里的小动物吐了出来，还急忙在雪地上吞了几口雪来漱口，试图用雪水来除掉口里那让人恶心的气味。

这样一来，小狐狸的早饭问题不但没解决，那让人作呕的气味还弄得自己毫无胃口了。一大早它只是**白费力气**地咬死了一只小野兽。这只小野兽到底是什么呢，竟然让小狐狸这般恶心？噢，原来那不是什么老鼠，而是一只鼩鼱呀。

zhè zhǒng xiǎo dòng wù cóng yuǎn chù kàn de huà dí què xiàng jí le lǎo shǔ kě shì zhǐ
这种小动物从远处看的话，的确像极了老鼠，可是只
yào zǒu jìn yí kàn jiù néng qīng chu de biàn rèn chū lái yīn wèi qú jīng de liǎn hé lǎo shǔ
要走近一看，就能**清楚**地辨认出来。因为鼩鼱的脸和老鼠
xiāng bǐ jiào yào cháng de duō ér qiě tā zǒng shì gōng zhe bèi yǐ chī chóng zi wéi shēng zhè
相比较要长得多，而且它总是弓着背，以吃虫子为生，这
yì diǎn hé tián shǔ cì wei chà bu duō qú jīng shēn shang yǒu yì zhǒng hé shè xiāng chà bu duō
一点和田鼠、刺猬差不多。鼩鼱身上有一种和麝香差不多
de qì wèi rú guǒ chī dào zuǐ li de huà nà kě shì chòu de hěn ne yīn cǐ shāo wēi yǒu
的气味，如果吃到嘴里的话，那可是臭得很呢！因此稍微有
diǎnr jīng yàn de yě shòu shì bú huì qù zhāo rě tā ér zì tǎo kǔ chī de
点儿经验的野兽是不会去招惹它而自讨苦吃的。

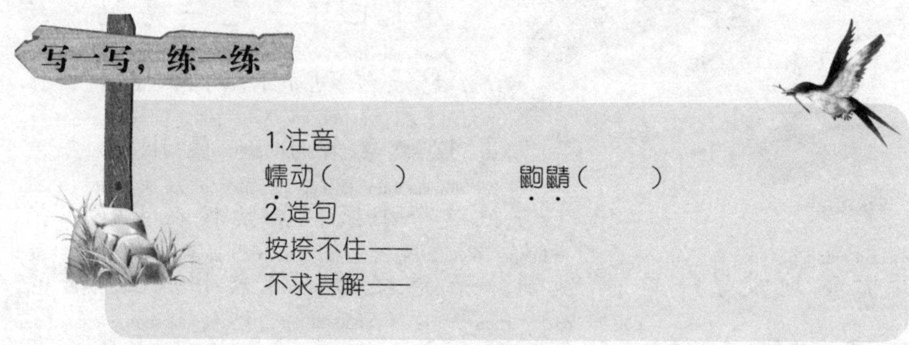

写一写，练一练

1.注音

蠕动（　　）　　鼩鼱（　　）

2.造句

按捺不住——

不求甚解——

# 林中狩猎

## 神秘的猎狼武器

有几只胆大妄为的狼经常出没在村庄附近。一小会儿的时间，一只小绵羊就遭到它们的劫持。又过了一会儿，一只山羊也惨遭它们的毒手。由于这个村庄里没有猎人，因此村民们只好去城里请猎人来解决这个问题。

于是到了那天晚上，有一群士兵——他们个个都是打猎高手，急匆匆地从城里赶来。和他们一起从城里来的还有两辆载货的雪橇，雪橇上可是运载着猎狼的神秘武器呢！那就是笨重的卷轴，上面还缠绕着绳子，中间部分高高鼓起来，就像个驼峰似的，而且绳子上还系着很多红色的小旗子，每隔半米就有一面呢！

## 银径脚印之谜

这些猎人向当地的村民弄清了事情经过，了解了狼是从什么地方前来**偷袭**村庄的。接着，他们又去仔细研究了狼留下的脚印。不论这些猎人干什么，那两辆载着卷轴的雪橇都一直跟在他们身后。

地上留下的狼脚印犹如一条直线般从村庄里延伸出去，经过田埂，继续向前，直到树林深处。猛然看上去，那些脚印简直就像一只狼留下的，但是这种伎俩**蒙骗**不了经验丰富、善于辨别兽迹的猎人的眼睛。他们一看就知道，那里曾有一群狼经过。

顺着狼的脚印，猎人们一直追踪到了树林，这时他们才

准确判断出一共有5只狼。再经过一番仔细推敲，猎人们作出判断：走在队伍最前面的是一只**身体强壮**的母狼。因为它的脚印较窄，步距也不大，脚爪留下的槽也是倾斜的。凭这一系列的特点，可以肯定这是一只母狼。

仔细探讨观察后，猎人们划分为两组，各自登上雪橇，在森林边上绕了一圈儿。

可是，绕了一圈儿之后，他们发现地面上没有留下狼群离开的脚印。于是他们断定，狼群就躲藏在这片树林里，要赶快实施抓捕行动。

## 包围

两队猎人各自乘上雪橇，带着卷轴，缓缓出发了。他们边走边沿途放出卷轴上的绳索，雪橇后跟着的人就细心地把绳子缠绕在灌木枝上、树干上或者树枝上。这些绳子上的旗子就这样悬在半空中，和地

面的距离大约有0.35米，一串串红色的小旗子在风中尽情飘扬。

这一切都干完后，两队猎人在村庄附近会合了。他们现在可是已经把整个树林给包围了，用的当然就是系着一面面小旗子的绳索。

猎人们准备回去休息时，命令集体农庄的庄员们在第二天天蒙蒙亮的时候集合起来。命令下完后，他们便各自回去养精蓄锐了。

## 突围

当天夜晚，皓月当空，寒风阵阵，森林里阴森森的，恐怖极了。

此时，健硕的母狼第一个醒来，它刚立起身子，公狼仿佛有心灵感应似的，也随之站了起来。紧接着，今年刚出生的3只小狼崽也醒来了，看着它们的父母，也照样站立起来。

母狼开始行动起来，迈步向前，公狼紧随其后，最后面跟着3只小狼崽。

它们小心翼翼地前行，母狼在前面探路，后面跟着的狼完全踏着前面的狼踩出的脚印，就这样，它们浩浩荡荡、队列整齐地穿过树林，向村庄进发。

突然，为首的母狼停了下来，公狼和后面的小狼也紧跟着停下了脚步。

母狼那双**敏锐**的眼睛透出惶恐不安却又凶狠无比的幽幽之光，它不停地翕动着鼻子，敏锐地捕捉到了一股陌生的酸涩味道。这股味道正是绳索上那些小旗子散发出来的。它定睛细细瞧着，发现了许多布片在林子边上的灌木丛中飘荡。

母狼有年龄上的优势，因此相对比较有经验。但眼前的景象，它也是生平第一次遇到。它虽然不明白这到底是什么，但它却能清楚地知道这意味着什么：布片飘荡的地方肯定有人，也许此时他们正守候在那里准备着伏击呢！

赶紧往回撤吧！另选出路！母狼果断地做出决定。于是，它调转头，以极快的速度蹿回了林子。此时，公狼和3只小狼仍**寸步不离**地紧跟在它身后。

它们快速地跨着步子，想尽快穿过树林。不一会儿，它们已经到了树林的另一边。可是它们不得不再次停下脚步。

眼前出现了同样的情景，同样的布片挑衅般地吐着红红的舌头，在风中**飘扬**。

母狼大惊失色，而且筋疲力尽，它觉得周围一定潜伏着

mǒu zhǒng wēi xiǎn yú shì cōng cōng táo huí lín zi shēn chù chuǎn xī bú dìng de tǎng dǎo zài dì
某种危险，于是匆匆逃回林子深处，喘息不定地躺倒在地

shang gōng láng hé xiǎo láng yě háo wú bàn fǎ de tǎng le xià lái
上。公狼和小狼也毫无办法地躺了下来。

## kāi shǐ xíng dòng
## 开始行动

dì èr tiān yí dà zǎo tiān gāng huī méng méng de yǒu le diǎnr liàng guāng cūn zi li
第二天一大早，天刚灰蒙蒙的有了点儿亮光，村子里

de liǎng zhī duì wu jiù kāi shǐ xíng dòng le
的两支队伍就开始行动了。

yì zhī duì wu shì yóu pèi dài zhe liè qiāng de liè rén zǔ chéng de tā men rén shù bǐ
一支队伍是由佩戴着猎枪的猎人组成的，他们人数比

jiào shǎo dōu chuān shàng huī sè cháng páo wài tào chū fā le xuǎn zé huī sè yī fu shì wèi le
较少，都穿上灰色长袍外套出发了。选择灰色衣服是为了

yǐn bì shēn xíng yīn wèi bié de yán sè zài dōng jì de shù lín li huì guò yú xiǎn yǎn cóng
隐蔽身形，因为别的颜色在冬季的树林里会过于显眼，从

ér dǎo zhì xíng zōng bào lù tā men jìng qiāo qiāo de rào zhe shù lín zǒu le yì quānr bìng bǎ
而导致行踪暴露。他们静悄悄地绕着树林走了一圈儿，并把

shéng zi shàng de qí zi qiāo qiāo de jiě le xià lái jiē zhe jiù pái chéng cháng shé zhèn yí
绳子上的旗子悄悄地解了下来，接着就排成长蛇阵，一

gè gè mái fú zài guàn mù cóng hòu miàn
个个埋伏在灌木丛后面。

lìng wài yì zhī duì wu rén shù hěn duō dōu shì jí tǐ nóng zhuāng de zhuāng yuán tā men
另外一支队伍人数很多，都是集体农庄的庄员。他们

一个个手持木棍，首先在田地里等了一会儿，听到指挥员的号令后，才大声呼喊着进了林子。他们边走边大声**鼓噪**着，还不停地用木棍敲击树干，顿时，整个树林子里充满了高高低低的声响。

## 围猎

树林子里静悄悄的，狼们正在打着盹儿，为突围养精蓄锐呢！突然巨大的声响此起彼伏，从村庄的方向传来。

母狼浑身一哆嗦，机灵地跳了起来，以闪电般的速度逃往与村庄相反的方向。公狼和小狼也不约而同地跳起来，撒腿就跑。

逃窜的时候，它们背上的毛根根直立，尾巴硬挺挺地夹在两条后腿之间，两只耳朵也紧张得向背后竖起，眼睛里燃烧着**惊恐和愤恨**的火焰。它们没命似的向前冲刺，不顾一切地想逃离险境。

好不容易到了树林边上，可是那些跳动着的红布条又一下子映入它们眼帘，挡住了它们的逃生之路。吓得神魂俱裂的它们于是疯了一般调转过头就往回窜，带着极度的恐惧和惊慌。

可是，它们逃得越快，离呐喊声就越近。根据木棒敲动树木的声音和此起彼伏的呐喊声，它们知道，正有一大批人向它们包围过来。

狼不得已又接着按原路往回奔逃。背上的毛竖得直直的，像一根根钢针，尾巴也夹得更紧了，耳朵几乎都要贴向头皮了，眼睛里的火焰跳动不息。它们疯狂地逃呀，奔呀……简直要**魂飞魄散**了。

又一次跑到了树林边上，它们欣喜地发现这里竟然没有那些可怕的小红布条！

狼的恐惧和不安一下子消失得无影无踪，毫不戒备地往前冲刺！

这群狼毫不知情地跑向了已在那里等候了大半天的猎人们的枪口。

灌木丛中突然有火光闪现，随着一声声枪响，公狼在高高窜起后倒了下去，扑通一声重重地跌落在冰冷的地面上。小狼崽们则发出**凄厉**的哀嚎，痛苦地满地打滚儿。

士兵们的枪法都太准了，小狼崽们被一个个结束了生命。可是老母狼在谁也没注意的情况下逃跑了，不知所踪。

围猎行动之后，村庄恢复了**平静**。

# 饥饿难忍月

## （冬二月）

# yì nián gè yuè de huān lè shī piān yuè
# 一年12个月的欢乐诗篇：1月

àn zhào lǎo bǎi xìng de shuō fǎ yuè shì yì nián de kāi shǐ shì yóu hán lěng dōng tiān
按照老百姓的说法，1月是一年的开始，是由寒冷冬天
zhuǎn xiàng wēn nuǎn chūn tiān de zhuǎn zhé diǎn tā shì dōng jì de zhōng xīn yuè fèn
转向温暖春天的转折点，它是冬季的中心月份。

xīn de yì nián kāi shǐ hòu bái zhòu fǎng fú yí xià zi biàn cháng le jiù xiàng shì tù
新的一年开始后，白昼仿佛一下子变长了，就像是兔
zi tū rán tiào qǐ lái měng de xiàng qián cuān le yí dà jié
子突然跳起来，猛地向前蹿了一大截。

yǎn qián shì yí piàn bèi ái ái bái xuě fù gài zhe de guǎng mào dà dì sēn lín jiāng
眼前是一片被皑皑白雪覆盖着的广袤大地，森林、江
hé hú pō quán dōu shì xuě bái yí piàn dà dì shang suǒ yǒu de yí qiè dōu xiàn rù le chén
河、湖泊全都是雪白一片。大地上所有的一切都陷入了沉
chén de shuì mián dāng zhōng
沉的睡眠当中。

zài měi cì yù dào wēi xiǎn de shí hou shēng mìng zǒng huì yǐ gè zhǒng gè yàng qiǎo miào de
在每次遇到危险的时候，生命总会以各种各样巧妙的
fāng fǎ wěi zhuāng sǐ wáng zài zhè hán lěng de dōng jì li huā cǎo shù mù de shēng mìng jì
方法伪装死亡。在这寒冷的冬季里，花草树木的生命迹
xiàng quán dōu xiāo shī de wú yǐng wú zōng le dàn shì shí shang tā men zhǐ shì zàn shí tíng zhǐ
象全都消失得无影无踪了。但事实上，它们只是暂时停止
shēng zhǎng fā yù bìng bú shì xiàng wǒ men xiǎng xiàng de nà yàng zhēn de sǐ diào le
生长发育，并不是像我们想象的那样真的死掉了。

zài hòu hòu jī xuě de fù gài xià dà dì chéng xiàn chū yí pài sǐ jì jǐng xiàng qí
在厚厚积雪的覆盖下，大地呈现出一派死寂景象，其
shí zhè lǐ zhèng yǒu qiáng jìng de shēng mìng lì zài àn zhōng yùn yù zhe qí zhōng yǐ xiǎo yár
实这里正有强劲的生命力在暗中孕育着，其中以小芽儿
de méng fā lì liàng zuì wéi qiáng jìng sōng shù hé yún shān shù fēn bié bǎ gè zì de zhǒng zi
的萌发力量最为强劲。松树和云杉树分别把各自的种子
yǐn mì de cáng zài jiē shi jiān yìng de qiú zhuàng guǒ shí li jiù rú yí gè gè xiǎo xiǎo de quán
隐秘地藏在结实坚硬的球状果实里，就如一个个小小的拳
tóu tā men bèi bǎo cún de wán hǎo wú sǔn
头，它们被保存得完好无损。

冷血动物们全都藏起来，身子硬硬的如同一根冰棒，不再活动了。而事实上它们也并没有死掉。甚至像螟蛾这样脆弱的小生命也并没有死掉，它们只是都钻到各个角落里冬眠去了。

作为温血动物的鸟类，是不需要冬眠的。甚至像小老鼠这样的小动物，在整个冬天也总是忙个不停，到处奔波。更有趣的是，在厚厚白雪覆盖着的树洞里，冬眠的母熊在正月最寒冷的时候，竟然还生下了一窝可爱的熊宝宝，它们一个个都还没来得及睁开小眼睛呢！虽然熊妈妈已经整整一个冬天都没吃东西了，但它却仍然能够给熊宝宝提供充足的奶水，而且还能一直坚持到春天呢！这简直是太不可思议的事情了。

# 森林中的大事

## 一个接着一个

一只乌鸦发现前面有一具马的尸体。

接着它发出“呱！呱！”的声音。一大群乌鸦闻讯赶来，都急着想要共享美味的晚餐。

天色渐渐**昏暗**了下来，月亮缓缓升上天空，黑夜即将降临。

忽然，一阵幽幽的叹气声从林子深处传了出来，不知是谁发出的：

“呜咕……呜，呜，呜……”

乌鸦们吓得一下子全都飞跑了，只见林子里飞出一只雕鸮，它直接大胆地落在了马的尸体上。

它用力地**撕扯**着马肉，耳朵随着动作不停地抖动着，白色的眼皮还飞快地眨呀眨。正在它想美美地饱餐一顿时，突然，雪地上传来了一阵窸窸窣窣的脚步声。

听到声音，雕鸮也匆匆飞到树枝上躲了起来，只见一只狐狸悄悄地溜到了马的尸体跟前。

伴随着一阵咔嚓咔嚓的牙齿撕扯皮肉的声音，一只狼快速地奔了过来。

狐狸才刚刚吃了一点儿，就不得不慌忙放弃食物，逃进了灌木丛。此时，狼一下子扑到了马的尸体上，准备大快朵颐。它浑身的毛发都因发现美食而根根竖立，刀子似的牙齿用力地扯下一块块马肉。它吃得太高兴，太满足了，甚至喉咙里都发出呼噜呼噜的声响。这个声响掩盖了周围所有的动静。过了一会儿，它似乎隐隐约约听到了什么，猛地抬起头来，牙齿咬得咯吱咯吱响，似乎在向来者发出威胁

de xìn hào bù xǔ guò lái jǐn jiē zhe tā yòu mái tóu dà chī qǐ lái
的信号："不许过来！"紧接着，它又埋头大吃起来。

zhǐ tīng yì shēng guài yì de jù xiǎng hū rán zài tā de tóu dǐng shàng fāng zhà le kāi lái
只听一声怪异的巨响忽然在它的头顶上方炸了开来，
láng dùn shí xià de pì gǔn niào liú jiā zhe wěi ba huī liū liū de táo zǒu le
狼顿时吓得屁滚尿流，夹着尾巴，灰溜溜地逃走了。

yuán lái shì sēn lín bà zhǔ gǒu xióng bù huāng bù máng de duó zhe bù zi shān shān
原来是森林霸主——狗熊不慌不忙地踱着步子，姗姗
ér lái
而来。

zhè huí zhè dùn fēng shèng de měi cān shì rèn shéi yě bié xiǎng zài kào jìn le tā bèi
这回，这顿丰盛的美餐是任谁也别想再靠近了，它被
xióng dú xiǎng le
熊独享了。

yè mù huǎn huǎn de jiàng lín gǒu xióng měi měi de bǎo cān le yí dùn zhōng yú xīn mǎn yì
夜幕缓缓地降临，狗熊美美地饱餐了一顿，终于心满意
zú de dǎ zhe hā qian lí kāi le ér gāng cái de nà zhī láng cǐ shí zhèng zài páng biān jiā jǐn
足地打着哈欠离开了。而刚才的那只狼此时正在旁边夹紧
wěi ba jiāo jí ér yòu ān jìng de yì zhí děng dài zhe zhè ge shí kè de dào lái ne
尾巴，焦急而又安静地一直等待着这个时刻的到来呢！

xióng yì lí kāi láng jiù fēi yì bān pū dào le mǎ shī páng
熊一离开，狼就飞一般扑到了马尸旁。

láng yě chī bǎo le jiē zhe hú li yòu pò bù jí dài de fēi bēn guò lái
狼也吃饱了，接着，狐狸又迫不及待地飞奔过来。

hú li yě chī bǎo le diāo xiāo yòu fēi le guò lái
狐狸也吃饱了，雕鸮又飞了过来。

diāo xiāo chī bǎo le zhè cái lún dào zuì zǎo de lái kè wū yā men chī dà cān le
雕鸮吃饱了，这才轮到最早的来客——乌鸦们吃大餐了。

cǐ shí tiān jiàn jiàn lù chū wēi wēi de liàng sè zhè yí dùn měi wèi de miǎn fèi dà cān
此时，天渐渐露出微微的亮色，这一顿美味的免费大餐
yě yǐ jīng bèi chī de gān gān jìng jìng le zhǐ cán cún le yì diǎnr mǎ gǔ tou sàn luò zài
也已经被吃得干干净净了，只残存了一点儿马骨头散落在
dì shang
地上。

chéng shì xīn wén
# 城市新闻

fēng fù ér yǒu qù de xué xí shēng huó
## 丰富而有趣的学习生活

xiàn zài bú lùn zài nǎ suǒ xué xiào li nǐ dōu huì fā xiàn yí gè yóu xué shēng jiàn
现在，不论在哪所学校里，你都会发现一个由学生建
de bèi chēng wéi dà zì rán shēng wù jiǎo de dì fang zài zhè ge shēng wù jiǎo li nǐ néng kàn
的被称为大自然生物角的地方。在这个生物角里你能看
jiàn gè zhǒng gè yàng de dòng wù tā men fēn bié bèi yǎng zài gè shì gè yàng de xiāng zi
见各种各样的动物，它们分别被养在各式各样的箱子、
guàn zi hé lóng zi li zhè xiē dòng wù kě dōu shì hái zi men zài xià jì yě yóu de shí hou
罐子和笼子里。这些动物可都是孩子们在夏季野游的时候
bǔ huò de xiàn zài hái zi men kě zhēn shi máng de bú yì lè hū ne yì biān yào nòng
捕获的。现在，孩子们可真是忙得不亦乐乎呢：一边要弄
gè zhǒng shí wù wèi bǎo zhè xiē xiǎo dòng wù yì biān hái yào gēn jù měi zhǒng dòng wù de bù tóng
各种食物喂饱这些小动物，一边还要根据每种动物的不同
shēng huó xí xìng hé xìng qù ài hào gěi tā men ān pái hé shì de zhù chù zuì hòu hái yào zhào
生活习性和兴趣爱好给它们安排合适的住处，最后还要照
kàn hǎo měi yí wèi fáng kè yǐ fáng tā men tōu tōu liū zǒu shēng wù jiǎo li de jū mín zhēn
看好每一位房客，以防它们偷偷溜走。生物角里的居民真
kě wèi zhǒng lèi fán duō yǒu niǎo xiǎo yě shòu shé wā hái bāo kuò yì xiē xiǎo de
可谓种类繁多，有鸟、小野兽、蛇、蛙，还包括一些小的
kūn chóng
昆虫。

duì yú nà xiē nián jì shāo dà de hái zi lái shuō tā men xuǎn zé le lìng yì zhǒng fāng
对于那些年纪稍大的孩子来说，他们选择了另一种方
shì jiàn lì tā men zì jǐ de xiǎo zǔ zhī qí shí jī hū měi gè xué xiào dōu yǒu zhè
式——建立他们自己的小组织。其实，几乎每个学校都有这

样的小小少年自然科学家小组。

列宁格勒的少年宫里，也同样建立了这样的小组。每个学校几乎都选了他们认为最棒的少年自然科学家来积极参与。在那里，少年动物学家和少年植物学家一起探讨如何观察和捕猎动物，捕获后又该怎么照顾它们，还一起研究动物标本具体是怎么制作的，植物标本又是怎么先采集再制作的。

在整整一个学年里，这些小组的成员经常去城外的各种地方郊游。夏天，小组的全体成员会集体去距离列宁格勒很远的地方野游。到了那里，他们要在当地住上整

整一个月的时间。每一个成员都有非常**明确**的分工：属于植物学小组的成员要负责采集植物标本；属于哺乳动物小组的成员就负责捕捉老鼠、刺猬、鼩鼱、小兔子和其他的哺乳类小野兽；属于鸟类学小组的组员则专门负责寻找鸟巢，还要细心观察鸟在里面的活动情况；属于爬虫类小组的组员则要去抓蛇、蜥蜴和蝾螈；属于水族小组的组员则要捕一些小鱼和其他生活在水里的动物；属于昆虫小组的组员负责抓蝴蝶、甲虫，还要担负起研究蜜蜂、黄蜂、蚂蚁的责任。

少年米丘林小学者们，在学校里选择了一块空地，在那里建立了自己的实验园地和种植果树、林木的苗圃。他们在自己的小菜园里**辛勤劳作**，收获的季节里总能收到自己的劳动果实。

他们还把这一切都详细地记录下来，写在自己的日记里，主要是认真描述出自己观察到的各种细节和具体的工作情况。

# 林中狩猎

冬天是打大型猛兽的最好时节，比如像狼、熊这样的动物。

一年中最难挨的日子是冬天即将结束的时候，那时，森林里几乎什么吃的都没有了，是饥荒闹得最厉害的时候。饥饿让狼的胆子变得出奇地大，它们被饥饿催逼着，甚至敢到人员密集的村庄附近一群一伙地四处游荡，寻找一切可以充饥的食物。至于那些懒洋洋的熊，有的躺在洞里蒙头大睡，有的则在森林里胡乱地游荡。在这些四处游荡的狗熊中，有一些是在深秋时节，天气越来越冷的时候，专靠啃咬其他动物的尸体，或者偷袭家畜度日的。它们还没完全为冬眠做好充足的准备呢，冬天就已经来到眼前了，因此，只好在寒风中四处游荡，寻找吃的。还有一些则是在舒适的冬眠过程中受到了外界惊扰被迫离家的狗熊，它们也不得不在外游荡。因为原来的旧洞它们是没有胆量再回去了，可是又不想费神为自己重新建造一个新的洞穴。

对付这种“游荡熊”，猎人们就一定要穿上滑雪板，随身带上好助手——猎狗。猎狗看见目标后会踏着深雪穷追不舍，一直到追上才肯罢休。猎人则穿着滑雪板快速地滑行，紧紧跟住猎狗，等待猎熊的最佳时机。猎获大型的猛兽和打飞禽比较起来，那可是困难多了，重要的是，也危险得多，经常会有一些意想不到的情况发生。有时虽然猎到了猛兽，可是猎人或是猎狗却被猛兽给咬伤了，这种事情在我们这里时有发生，并不罕见。

## 猪崽当诱饵

夜深人静的时候，孤身一人深入森林去打猎简直是一件太危险的事情了，有几个人敢在深夜独自一人去荒郊野外呢？

但是，有一天还真有这么一个人出现了，他的胆子真是太大了。一天晚上，夜空中明月朗照，星星稀稀落落点缀其间，他赶着一匹拉着雪橇的马独自一人静悄悄地出了村子。雪橇上有一只被结实地捆绑住四肢的猪崽，后面还拖

zhe yí gè hěn dà de má dài
着一个很大的麻袋。

zuì jìn cháng yǒu hěn duō láng zài cūn zi zhōu wéi zhuàn you cūn lǐ de nóng mín lǎo shì xiàng
最近常有很多狼在村子周围转悠，村里的农民老是向
tā bào yuàn láng de dǎn dà wàng wéi jìng rán bù zhī sǐ huó de chuǎng jìn le cūn zi
他抱怨狼的**胆大妄为**，竟然不知死活地闯进了村子。

liè rén bù yí huìr jiù piān lí le dà dào tā qū gǎn zhe mǎ yán zhe sēn lín de biān
猎人不一会儿就偏离了大道，他驱赶着马沿着森林的边
yuán xiàng zhe nà piàn huāng yě bēn qù
缘向着那片荒野奔去。

zhàn zài xuě qiāo shang tā yì biān jǐn jǐn zuàn zhù jiāng shéng yì biān shí bù shí de chě jǐ
站在雪橇上，他一边紧紧攥住缰绳，一边时不时地扯几
xià zhū zǎi de dà ěr duo liè rén dài zhe zhū zǎi lái dǎ liè de mù dì jiù shì xiǎng lì yòng
下猪崽的大耳朵。猎人带着猪崽来打猎的目的，就是想利用
zhū zǎi de jiào huan shēng bǎ láng gěi yǐn yòu chū lái zhū zǎi de ěr duo hái hěn jiāo nèn zhǐ
猪崽的叫唤声把狼给**引诱**出来。猪崽的耳朵还很娇嫩，只
yào yòng shǒu qīng qīng yí zhuài tā jiù huì bù tíng de jiān jiào
要用手轻轻一拽，它就会不停地尖叫。

guǒ rán shì qing bù chū liè rén de yù liào cái guò le bú dà yí huìr gōng fu
果然，事情不出猎人的预料。才过了不大一会儿工夫，
tā jiù kàn jiàn qián fāng de shù lín zi li hǎo xiàng chū xiàn le yì zhǎn zhǎn lǜ yōu yōu de xiǎo dēng
他就看见前方的树林子里好像出现了一盏盏绿幽幽的小灯
pào zhè xiē xiǎo dēng pào bù tíng de zài hēi hū hū de shù lín zi li shǎn shuò yí huìr zài
泡。这些小灯泡不停地在黑乎乎的树林子里闪烁，一会儿在
zhè biān liàng qǐ lái yí huìr yòu pǎo dào nà biān qù le nǐ yí dìng cāi de chū zhè xiē
这边亮起来，一会儿又跑到那边去了。你一定猜得出，这些

灯泡可不是别的，正是狼的眼睛在放着光呢！

马的感觉非常灵敏，它被吓得惊声尖叫起来，嘶叫不止，接着就没命地向前飞奔。猎人费了九牛二虎之力才把马的缰绳拽住，他的另一只手还在不停地揪着猪崽的耳朵。毕竟狼不管再怎么大胆，也不敢往载着人的雪橇上扑。但是，雪橇上小猪崽的叫声诱惑着狼暂时忘却了恐惧。鲜嫩肥美的小猪崽肉恐怕已经让狼垂涎三尺了吧！有只小猪崽在眼前晃动，狼恐怕早已把所面临的危险全都抛到九霄云外去了。

看着眼前的景象，狼明白了：那个用长绳子拴住被拖在雪橇后面，经过凹凸不平的地面时还会不停地上下跳跃的麻袋里装着的就是那只小猪崽。其实，麻袋里装的是干草和一些小猪的粪便，好让狼以为那就是小猪崽，因为小猪崽真实的叫声和小猪崽的气味早已让狼确信无疑了。

于是，狼觉得为了能吃到美味可口的小猪，冒点儿险是很值得的。因此，它们一下子全从林子里跑了出来，一起向着雪橇扑过去，一只，两只……啊，一共8只结实健壮的大狼呢！

从猎人的方向看过去，这些狼在空旷的田野里显得个儿很大，而且在皎洁月光的照耀下，它们身上的皮毛显得油光锃亮，十分耀眼，整个儿看起来膘肥体壮，显得比实际上大多了。

此时，猎人一边松开小猪崽的耳朵，一边快速地抄起猎枪。速度最快的那只狼眼看就要追上翻滚着的装干草的大麻袋了。猎人抓住时机，举枪瞄准了狼的肩胛骨下面，扣动了扳机。随着一声枪响，那只狼应声倒地，不停地在雪地上翻滚着，猎人紧接着用另一根枪筒瞄准第二只狼射击。可是就在这个时候，受惊的马猛然向前一纵身，使得这一枪打偏了。

猎人拼命拽住缰绳，把马停住，可是狼群听到枪声后转眼已跑得没了**踪影**。地上只有那只中弹的狼在垂死挣扎，痛苦得用后脚没命地刨雪。此时，马已经完全被猎人勒住停稳了，猎人两手空空走下雪橇，去捡那只被打中的狼，枪和小猪崽都被留在了雪橇上。

# 极度盼春月

（冬三月）

一年12个月的欢乐诗篇：2月—城市新闻—林中狩猎

# 一年12个月的欢乐诗篇：2月

2月，仍然属于冬蛰月。

这是冬季里最恐怖最难挨的一个月，动物们几乎到了饥寒交迫的极限。

这个月也是公狼和母狼结成夫妻的月份，是凶恶的狼群屡次偷袭村庄和城镇的月份。村子里的狗和羊，常无声无息地被它们拖走，成为它们的美餐。几乎每天深夜羊圈都会遭到它们的洗劫。

在寒冬最后的这个月里，所有的野兽都变得形销影瘦。秋天里它们养起来的肥膘，已经被消耗殆尽，几乎不能再给它们提供任何热量和营养了。小型野兽的粮仓也空空如也了。

皑皑白雪，如今对许多野兽来说，已经不再是具有保温作用的朋友，而成了追魂索命的敌人。所有的树枝，几乎都不堪重负，全被厚厚的积雪压断了。

但那些野生的鸡类，比如鹌鹑、榛鸡、黑琴鸡什么的，它们仍然喜欢眼前这厚厚的积雪，因为它们把整个身子都

钻进雪堆过夜的时候，会感觉十分舒适，也很有安全感。

但它们有时也会遇到难题，比如要是哪天白天温度升高，积雪就会融化，夜晚**寒风来袭**，气温下降，融化了的雪面上就会结一层厚厚的冰壳。

在那种情况下，如果太阳还没把冰壳晒化，那么躲在冰层下的动物，就算把脑袋撞破，也别想从底下钻出来了！

怒吼的狂风，肆虐的暴雪，冷酷地摧残着大地。在这寒冷的2月里，纷飞的大雪能把走雪橇的大道完全掩盖起来……

# 城市新闻

## 传递绿棒

一年一度的全苏联优秀少年园艺家选拔赛，即绿棒接力赛创始于1947年，虽然赛程漫长，可是孩子们仍然非常圆满地完成了比赛任务。他们竭尽所能去保护前任栽种的那些植物，而且用心地去培育每一棵树，每年都是如此，毫不懈怠。

每一场绿棒接力赛结束的时候，都会召开一次少年园艺家大会。

去年，参加绿棒接力赛的小学生达数百万人。这些小学生每人都种植了一棵果树或者浆果灌木。这样他们就为国家增添了上百公顷的森林、公园和林荫路。根据这些事实，组织者预测，今年将会有更多的人来参加绿棒接力赛。

虽然今年的竞赛和去年的相比，条件都是一样的，但是要做的事情却比去年多了很多。今年每一所学校都计划开辟出一个果木苗圃，这样就为明年建成更多的果园奠定了良好的基础。

要想把一直光秃秃的公路变成绿荫遮蔽的林荫道，要想保全我们的肥沃良田，就要用这种种植乔木和灌木的方法来巩固地上的泥沙。我们必须虚心地向那些经验丰富的老园艺家们学习，这样我们才能圆满地实现这一系列理想。

# 林中狩猎

## 各种神奇的捕兽笼

猎人为了能捕捉到更多的小野兽，会设计出各种各样的神奇的捕兽笼。不过，说它们神奇，其实制作这些玩意儿的方法很简单，任何人都能学会。

这些捕兽笼虽然样子不同，但都有一个共同的特点，那就是进得去，出不来。

先找一个大小合适的容器，比如一个长木箱子，或者是一个木筒，在一头开一个入口，再用粗的金属丝做个小门，一定要注意小门要比入口稍微大一些。接着把小门斜着立在箱子（或木筒）的入口处，并使其往箱子（或木筒）里面**倾斜**，这样整个制作过程就全部结束了。

然后再在箱子（或木筒）里放上充满诱惑力的饵料。诱饵的香味会把小野兽们慢慢吸引过来。透过金属丝做

chéng de xiǎo mén tā men jiù huì kàn dào lìng tā men chuí xián yù dī
成的小门，它们就会看到令它们垂涎欲滴
de yòu ěr le rú guǒ tā men jīn
的诱饵了，如果它们禁
bu zhù yòu huò jiù huì yòng
不住诱惑，就会用
tóu bǎ mén dǐng kāi qiāo qiāo
头把门顶开，悄悄
liū jìn qù kě shì děng tā
溜进去。可是等它
men yí jìn rù xiǎo mén jiù zài
们一进入，小门就在
tā men shēn hòu zì dòng guān bì
它们身后自动关闭
le xiǎo yě shòu cóng lǐ miàn shì bù kě néng bǎ mén dǎ kāi de tā men zhǐ néng wú nài de
了。小野兽从里面是不可能把门打开的，它们只能无奈地
tīng tiān yóu mìng le
听天由命了。

dāng rán yě kě yǐ zài mù xiāng de yí miàn ān zhuāng shàng yí kuài huó luò bǎn bìng zài
当然，也可以在木箱的一面安装上一块活络板，并在
mù xiāng nà tóu de nà kuài dǔ sǐ le de dǐng bǎn shang guà shàng yí kuài yòu ěr zài zài kāi de hěn
木箱那头的那块堵死了的顶板上挂上一块诱饵，再在开得很
zhǎi de mù xiāng rù kǒu chù ān zhuāng yí gè huó shuān
窄的木箱入口处安装一个活闩。

xiǎo yě shòu cóng zhè ge huó luò bǎn pá jìn qù jīng guò bǎn zi zhōng xīn de shí hou
小野兽从这个活络板爬进去，经过板子中心的时候，
tā shēn tǐ dǐ xia zhè yí bàn de mù bǎn jiù huì shùn shì cè luò kào jìn rù kǒu de nà yí
它身体底下这一半的木板就会顺势侧落，靠近入口的那一
bàn bǎn zi jiù xiàng shàng qiào qǐ lái bǎn zi de shàng duān huì jīng guò huó shuān mù bǎn zhè
半板子就向上翘起来，板子的上端会经过活闩。木板这
yàng yí xì liè de huó dòng jiù huì qiǎo miào de bǎ bǔ shòu xiāng de rù kǒu jiē jiē shí shí de
样一系列的活动，就会巧妙地把捕兽箱的入口结结实实地
dǔ zhù
堵住。

dōng jì li dāng dà dì bèi bīng fēng dòng qǐ lái hòu wū lā ěr de liè rén yòu xiǎng
冬季里，当大地被冰封冻起来后，乌拉尔的猎人又想
chū le yí gè bǐ shàng shù fāng fǎ hái yào jiǎn dān de fāng fǎ zuò gè bīng xiàn jǐng
出了一个比上述方法还要简单的方法——做个冰陷阱。

zài hù wài lù tiān de dì fang fàng shàng yí dà tǒng shuǐ dà jiā zhī dào shuǐ miàn
在户外露天的地方，放上一大桶水。大家知道，水面、桶底和桶壁附近的水，与桶中央的水相比冻住得更快。等冰层大约有两指厚的时候，在冰面上挖个洞，大小以恰好能让白鼬钻进去为准。再把桶里没有冻住的那些水从这个小洞口倒出来，然后把桶搬到屋里。贴近桶壁和桶底的冰在温暖的屋里很快就会融化，这样就能很轻松地把桶里的冰倒出来，一个冰冻成的桶就做成了。这个冰桶只有顶上有个小洞，其他地方都堵得严严实实的，这样冰陷阱就做好了。

往冰桶里放上一些干草或者麦秸什么的，再放进去一只活的老鼠，然后把这个冰桶竖着埋在白鼬或伶鼬经常出没的地方，注意要让桶的顶部和积雪保持一样的高度。小野兽被老鼠的气味引来以后，只要一进去，就再也别想出来了。冰壁相当光滑，小野兽们是无论如何也爬不上来的，就算是用嘴啃，也啃不破，只好束手就擒了。

要取出困在里面的小野兽，只要打碎冰陷阱就行了。反正重新制作一个也无须花费什么本钱，做多少个都是完全没有问题的。

## 捕狼陷阱

设置陷阱是猎人们经常使用的一种猎捕狼方法。

选择一条狼经常出没的小路，在那里挖一个椭圆形的

大深坑，而且必须要确保坑壁非常陡峭光滑。坑的大小要基本上能容下一只成年的狼，但要注意一定不能太大，以防它通过助跑跳出坑来。坑的上面用细小的枝条覆盖起来，最好再在枝条上撒点儿更细小的树枝、苔藓和稻草，最后再撒上一些白雪。这样把坑完全伪装起来，狼从表面上看去就不会发现什么疑点，因为它和普通地面没有什么差别，狼完全不会想到下面是陷阱。

深夜，漆黑的夜色中，狼群从小路上经过的时候，走在最前面的狼就会在毫无防备的情况下，突然间陷到大坑里。

第二天早上，猎人就能轻松地在陷阱里活捉它了。